浙江科技学院学术著作出版专项资助

地铁运营下城市高密集区地面长期沉降监测预警研究

邹宝平　牟军东　邝光霖　李亚鹏　卢慈荣　范秀江　著

中国建筑工业出版社

图书在版编目（CIP）数据

地铁运营下城市高密集区地面长期沉降监测预警研究 / 邹宝平等著．—北京：中国建筑工业出版社，2022.2
ISBN 978-7-112-26938-9

Ⅰ．①地… Ⅱ．①邹… Ⅲ．①城市—地面沉降—监测 Ⅳ．①TU478

中国版本图书馆 CIP 数据核字（2021）第 251402 号

本书详细介绍了地铁运营作用下城市高密集区地面长期沉降监测预警技术。全书共分 7 章，主要内容包括城市高密集区地铁运营引起地面长期沉降的基本理论、地铁运营下城市高密集区地面长期沉降特性、基于 DInSAR 技术的地面长期沉降监测方法、城市高密集区地铁运营期地面长期沉降预警指标体系、智慧预警决策平台研发等。

本书可作为土木工程、城市轨道交通工程、隧道工程、岩土工程、地下空间工程等专业本科生和研究生的教学用书、也可供相关专业技术人员在从事地铁工程建设的管理、施工、设计、勘察和监理等工作时参考。

责任编辑：王砾瑶　边　琨
责任校对：王誉欣

地铁运营下城市高密集区地面长期沉降监测预警研究
邹宝平　牟军东　邝光霖　李亚鹏　卢慈荣　范秀江　著

*

中国建筑工业出版社出版、发行（北京海淀三里河路 9 号）
各地新华书店、建筑书店经销
北京科地亚盟排版公司制版
北京中科印刷有限公司印刷

*

开本：787 毫米×1092 毫米　1/16　印张：9¾　字数：242 千字
2022 年 2 月第一版　2022 年 2 月第一次印刷
定价：**45.00** 元
ISBN 978-7-112-26938-9
（38660）

作者简介

邹宝平

男，1982年生，教授，现任浙江科技学院土木与建筑工程学院副院长，硕士研究生导师，同济大学博士，新加坡南洋理工大学联合培养博士，深部岩土力学与地下工程国家重点实验室（北京）博士后，第九批省市优秀援疆干部人才、浙江优秀援疆教师、新疆阿克苏地区优秀援疆人才、科大青年英才、科大优秀青年教师。主要从事城市地铁保护、盾构法隧道、联络通道冻结法施工、深部岩体冲击动力学、深基坑与工程地质等方面的教学与研究工作。荣获省部级记功一次、上海市科学技术奖等省部级二等奖6项（排名第一3项、第二1项、第三1项、第九1项）。主持国家自然科学基金、浙江省科技计划项目、浙江省自然科学基金等各类项目近20项，发表论文近60篇，授权国家发明专利70多项，出版专著1部。兼任中国岩石力学与工程学会软岩工程与深部灾害控制分会理事、浙江省岩土力学与工程学会岩土工程施工专业委员会副主任委员和古地下工程保护专业委员会副主任委员。

牟军东

男，1981年生，正高级工程师，杭州市地铁集团有限责任公司工程三部副部长（主持工作）。长期从事轨道交通工程和市政工程的建设管理工作，主持开展的地铁车站、区间隧道、车辆段场等项目累计达数十项，发表地铁建设等专业论文10余篇，出版著作2部，获专利3项。荣获省部级科学技术奖二等奖4项、三等奖1项，以及厅级科学技术奖一等奖1项。

邝光霖

男，1984年生，高级工程师，2007年毕业于集美大学，大学本科学历，现工作于广东华隧建设集团股份有限公司，毕业以来一直从事轨道交通工程项目施工。2007年7月～2017年5月期间先后在广东华隧建设集团股份有限公司深圳地铁2号线2203标、深圳地铁5号线5301标、成都地铁2号线22标、北京地铁7号线08标、广州地铁9号线2标、珠三角城际新白广1标等项目工作；2017年5月至今先后担任广东华隧建设集团股份有限公司第三管理中心副总经理、广东华隧珠三角城际广佛环线1标三工区项目经理（工程造价5.5亿元）、广东华隧珠三角城际新白广1标六工区项目经理（工程造价19.97亿元）。多年的现场一线施工积累了丰富的经验，取得了众多的科技创新成果；其中"一种盾构机过站装置""一种新型盾构机滚刀"获实用新型专利，"土压、泥水平衡双模式切换"获3项国家发明专利；"双模式盾构机施工工法""大直径盾构复合式盾尾注浆系统施工工法"获广东省住房城乡建设厅省级工法证书；"并联式泥水/土压平衡双模式盾构机研发及应用"获广东省科学技术奖励三等奖，所在的双模式盾构机研制组装小组获第十六届"广东青年五四奖章集体"荣誉证书；"地铁运营区地下空间建造诱发地面长期沉降监测预警技术及应用"获2020年中国发明协会发明创业奖·成果奖二等奖；2020年获广东省工业工会命名邝光霖劳模和工匠人才创新工作室。

李亚鹏

男，1982年生，2004年参加工作，高级工程师，现任中铁三局集团桥隧工程有限公司副总经理。主要从事隧道工程、城市轨道交通工程的施工管理工作，先后参与建设了铁路隧道7座、地铁车站20余座、盾构区间30余条，发表地铁建设等专业论文近10篇，出版著作2部，授权专利10余项。荣获省部级科学技术奖二等奖2项，省部级工法2项。

卢慈荣

男，1979 年生，正高级工程师，全国注册土木工程师，曾先后担任中电建华东勘测设计研究院地下工程与结构设计所副所长、轨道交通工程院副院长兼总工程师，现任绍兴市轨道交通集团总工程师。主要从事城市轨道交通和地下空间综合开发利用方面设计与技术管理以及城市轨道交通运营管理工作，主持或参加杭州、宁波、福州、成都、深圳等大型轨道交通设计、咨询项目数十项，荣获浙江省建设科学技术奖二等奖 1 项、浙江省建设工程钱江杯二等奖 2 项。主持的绍兴市城市轨道交通 1 号线全生命周期 BIM 技术应用研究获得中国城市轨道交通行业 2018 年度信息化最佳实践优秀案例、2019 第二届优路杯全国 BIM 技术大赛银奖、第三届中国电力数字工程（EIM）大赛非电业务组第 1 名、2020 全球基础设施 Be 创新奖。主持参与完成了轨道交通、岩土工程领域等十余项课题研究，获各类授权专利 18 项，参与编写各类标准 8 部。兼任中国城市轨道交通协会信息化专委会副主任委员、浙江省岩土力学与工程学会专家委员会委员和隧道及非开挖工程专业委员会委员、中国工程建设标准化协会认证工作委员会委员、浙江省轨道交通建设与管理协会专家委员、绍兴市岩土工程学会副理事长。

范秀江

男，1984 年生，高级工程师，现任浙江省建投交通基础建设集团有限公司轨道交通工程公司党总支书记，总经理。长期从事轨道交通工程和隧道工程的施工管理工作，先后负责地铁车站、盾构区间、车辆段等项目累计达数十个，发表地铁建设专业学术论文近 10 篇，授权专利 5 项，出版专著 1 部，荣获省部级科学技术奖二等奖 2 项荣获浙江省岩土力学与工程学会科学技术奖一等奖 1 项。

序

在地铁运营环境下的城市高密集区进行大规模地下空间开发是当前长三角一体化等国家战略在实施中面临的重大工程技术难题。截至 2021 年 6 月 30 日，中国内地共 49 个城市已投运城市轨道交通线路 8448.67km。研究发现，地铁运营一段时间后，受地基土振陷、固结变形等因素的影响，导致地面长期沉降灾害，造成隧道渗漏水、建筑物倾斜或开裂。现有研究主要是关注列车振动引起的本体沉陷、动力响应和沉降预测，由于受时间跨度限制，对城市高密集区列车往复振动引起的地面长期沉降监测很少涉及，呈线性走向分布且量大面广的高密集区地铁运营和施工诱发地面长期沉降的监测预警技术成为历史性难题。

该书作者开展了基于 DInSAR 技术的地面长期沉降监测方法研究、城市高密集区地铁运营期地面长期沉降预警体系研究、智慧预警决策平台研发、地面长期沉降监测预警应用示范研究，可实时掌握地铁运营的安全性状，为运营期地铁隧道、邻近建（构）筑物的稳定性评估提供科学依据，解决地面长期沉降海量数据有效组织、高效传输，以及多维异构监测数据综合集成等关键技术，同时也为该技术在城市高密集区地铁运营期，地面长期沉降预警领域的推广与应用提供理论依据，能有效防治城市地面长期沉降。

本书是作者对城市高密集区地铁运营期地面长期沉降监测预警技术的系统总结，凝结了作者十多年的工程智慧，内容丰富，数据翔实，具有重要的学术参考价值和工程指导意义。因此，我十分乐意向广大读者推荐这本专著。

中国科学院院士

2021 年 11 月 25 日

前　　言

目前，中国内地近50个城市已投运城市轨道交通线路8448.67km，是世界上城市轨道交通运营里程最长的国家。地铁运营一段时间后，由于受列车振动荷载引起的地基土振陷、隧道建设期地基土未完成的固结变形、隧道邻近范围的密集建（构）筑物、隧道所处地层水位变化等因素的影响，会导致地面长期沉降。长时间的沉降累计会对地铁的正常运营和使用安全产生重大不良影响。城市高密集区地铁运营期的地面长期沉降监测与预警，不同于城市低密度建筑区、城市郊区等区域。城市高密集区是整个城市的商业中心、金融贸易中心、娱乐中心、文化中心，是城市人流的汇集点，需监测的项目多，而地铁呈线性走向分布的特点，决定其监测距离长，预警难度大。

本书在综合分析国内外现有文献资料及研究成果的基础上，采用现场调查、专家咨询、理论分析、室内实验、工程监测、计算机系统开发等方法，对地铁运营期城市高密集区地面长期沉降的监测方法、预警体系、智慧预警决策平台研发和监测预警应用等方面进行了较为系统的研究，以期为我国城市高密集区地铁运营期地面长期沉降灾害预警提供理论依据和科学指导。

全书共7章，第1章介绍城市高密集区地铁运营引起地面长期沉降的基本理论；第2章主要分析地铁运营下城市高密集区地面长期沉降特性；第3章为基于DInSAR技术的地面长期沉降监测方法研究；第4章主要是城市高密集区地铁运营期地面长期沉降预警体系研究；第5章主要开展智慧预警决策平台研发；第6章主要是城市高密集区地铁运营期地面长期沉降预警应用研究；第7章主要是结论和建议。

另外，本书的研究成果获得了国家自然科学基金（No.41602308）、浙江省科技计划项目（No.2016C33033）、浙江省自然科学基金（No.LY20E080005）和浙江科技学院学术著作出版专项资助。本书的研究工作得到了作者所在单位浙江科技学院土木与建筑工程学院的夏建中教授、杨建辉教授、叶良教授、罗战友教授以及杭州市地铁集团有限责任公司、广东华隧建设集团股份有限公司、同济大学有关领导和专家的无私帮助，感谢研究团队成员邓沿生、胡波、夏克俭、陈玉、沈宸介、姜茗耀、谢况琴、刘治平、李超、莫林飞、张佳莹、张昊泽、张铭儿、张泽峰等为本书的出版付出了很多心血，感谢浙江科技学院土木与建筑工程学院和科研处的同事们和笔者历届毕业的研究生多年来给予的大力支持。

限于笔者水平，书中难免存在疏漏和不足之处，敬请读者评判指正。

2021年10月24日于杭州

目　录

0 引　言

我国上海、杭州等软土地区修建的地铁均已投入运营。截至 2021 年 6 月 30 日[1]，中国内地共 49 个城市已投运城市轨道交通线路 8448.67km，其中地铁运营线路总长度 6641.73km，排名前十位的城市分别是上海、北京、成都、广州、深圳、武汉、南京、重庆、杭州、青岛。特别是 2021 年上半年，共计新增运营线路长度 478.97km，其中，地铁 360.93km，市域快轨 46.38km，有轨电车 42.26km，电子导向胶轮系统 14km，导轨式胶轮系统 15.40km，涉及新增的地铁运营城市分别是洛阳和绍兴。研究发现，地铁运营一段时间后，由于受列车振动荷载引起的地基土振陷、隧道建设期地基土未完成的固结变形、隧道邻近范围的密集建（构）筑物、隧道所处地层水位变化等因素的影响[2~6]，会导致地面长期沉降。例如，上海打浦路越江隧道投入运营 16 年后的长期沉降增量达到 120mm，日本大阪地铁 4 号线在施工结束 500d 后沉降值达到 50mm。因此，地面长期沉降的发生是一个比较缓慢的过程，但长时间的沉降累计会对地铁的正常运营和使用安全产生重大不良影响[3~5]，如引起隧道渗漏水（图 1）、隧道裂缝及损坏（图 2）、危及邻近建（构）筑物、桩基和地下管线，以及严重影响轨道的平顺性，使轮轨系统的相互作用力增大，增大隧道结构的振动，影响贴近地铁隧道或其上方建筑物的振动和噪声，影响乘客的乘坐舒适度。

图 1　管片漏水

图 2　隧道裂缝及损坏

城市高密集区地铁运营期的地面长期沉降监测与预警，不同于城市低密度建筑区、城市郊区等区域。城市高密集区是整个城市的商业中心、金融贸易中心、娱乐中心、文化中心，是城市人流的汇集点（图 3），需监测的项目多，包括基坑主体结构、地铁沿线建（构）筑物、管线、桥梁等，而地铁呈线性走向分布的特点，决定其监测距离长，预警难度大。如果采用传统的城市地面沉降监测方法，如全球定位系统（GPS）、精密水准观测、地下精细观测方法（基岩标、分层标等），需要耗费大量的时间、人力、物力和财力，且观测点分布稀疏、作业周期长、劳动强度大，不能全天候观测，同时也很难精确确定区域性地面沉降的变形影响范围[7]，而现有的地铁运营期地面沉降预警体系存在局限性[8]，如对沉降的表征仅考虑累计沉降量、沉降速率等，不能体现地面长期沉降的三维分布，而我国地铁行业相关规范也缺乏明确的地面长期沉降分类分级预警指标体系，这些都给城市高密集区的地面沉降灾害防治带来一定的困难。因此，亟需一种更科学、高效、全面的高新技术监测手段以开展地铁运营期地面长期沉降研究，为城市高密集区地铁运营期地面长期沉降灾害防治与预警提供决策信息，有效防治城市地面长期沉降灾害。

图 3　高密集建筑群（杭州市延安路）

由于受时间跨度限制[6]，国内外有关地铁运营期地面长期沉降的研究，大多数是关注列车振动引起的本体沉陷和动力响应[9,10]，以及地面长期沉降预测[3,4,11~17]。

在本体沉陷和动力响应方面，唐益群等[10]对地铁行车载荷作用下饱和软黏土的动力响应与变形特征进行了系统研究。在地面长期沉降预测方面，韦凯等[4]基于实测的纵向累积沉降量和沉降差，采用蚁群算法建立地铁隧道长期沉降预测模型；葛世平等[9]基于地铁运营期列车循环振动对隧道周边土性、孔隙水压的影响，提出地铁运营期列车长期振动下的沉降估算方法，预测地铁运营期列车振动引起的长期沉降；姜洲等[11]建立软黏土累计塑性应变公式以预测隧道的长期沉降；朱启银等[12]利用数学模型预测苏州地铁隧道的长期沉降；刘明等[13]提出采用拟静力有限元计算与经验拟合计算预测地铁荷载下饱和软黏土的长期沉降；魏纲等[17]应用时间序列分析法预测隧道施工引起的地面长期沉降；Shen S 等[3]对上海软弱土层的地铁隧道长期沉降行为进行系统研究。Cui Z 等[14,15]基于现场监测，对上海地铁 1 号线进行长期沉降分析，认为地面累计沉降与地铁运营时间成正比，并提出 ARMA（n，m）预测模型。Ng C 等[16]基于上海地铁 1 号线 1994～2007 年的沉降监测数据，对长期沉降机制进行研究，认为隧道沉降随着时间的增长而持续增大，最大沉降为 288mm。

但上述研究对于隧道内列车往复振动引起的地面长期沉降问题却很少涉及[9]，缺乏针对城市高密集区地铁运营期地面长期沉降的监测方法和预警体系。

近年来，合成孔径雷达干涉测量（InSAR）技术在地形测量方面的应用能力不断增强，具有非接触测量、不需布设监测控制网、亚毫米级精度、效率高、成本低、覆盖范围广、不受天气影响、空间分辨率高等特点[7]。因此，其也开始应用到地铁运营时地面沉降的监测。例如，刘运明等[7]利用 DInSAR 技术，对北京地铁 6 号线沿线地面沉降进行监测，认为研究成果与地面精密水准量测的沉降趋势一致；葛大庆等[18]利用高分辨率 InSAR 时序分析技术，研究了上海地铁 10 号线建设和运营期地面沉降的时空变化特征，认为该技术可从空间上完整表现地铁线上沉降的分布特征，从时间上揭示运营阶段地面沉降的变化特征；Ding X 等[19]利用 InSAR 技术对香港地面沉降进行研究。由于 InSAR 技术具有全天候观测、空间分辨率高等特点，因而可以利用其卫星存档数据，监测城市高密集区地铁运营期的历史地面长期沉降特征，监测现在、未来任意时刻的地面形变，克服布设传统水准和 GPS 监测网无法得到地面长期沉降的历史形变信息，但该技术对大气误差、遥感卫星轨道误差、地表状况，以及时态不相关等因素非常敏感，而 InSAR 图像又缺乏自然地表特征，因而造成其应用困难[20]。而 GPS 技术属于点定位，拥有很高的时间分辨率，并能进行连续观测，因而 InSAR 与 GPS 两种技术具有很好的互补性，而 GIS 技术能对空间数据进行采集、管理、操作、分析、模拟和显示，可以利用 GIS 技术对 InSAR-GPS 成果进行解译综合分析和空间分析[21]。因此，融合 InSAR-GPS-GIS 技术，对地铁运营期城市高密集区地面长期沉降进行监测与预警，可以突破单一技术应用的局限，定量研究地面长期沉降，实时监测地铁运营期地面亚毫米级的微小沉降变化。

综上所述，本书从全新的角度研究地铁运营期城市高密集区地面长期沉降的监测方法、预警体系，研发智慧预警决策平台，可实时掌握地铁运营的安全性状，为运营期地铁隧道、邻近建（构）筑物的稳定性评估提供科学依据，解决地面长期沉降海量数据有效组织、高效传输，以及多维异构监测数据综合集成等关键技术，同时也为该技术在城市高密集区地铁运营期，地面长期沉降预警领域的推广与应用提供理论依据，能有效防治城市地面长期沉降。

本书主要以工程地质学、岩土工程学科为基础，结合测绘工程、计算机科学与技术的理论方法，借助 DInSAR、GPS、GIS 技术，采用理论分析、现场监测、计算机系统开发等综合手段，开展基于 DInSAR 技术的地面长期沉降监测方法研究、城市高密集区地铁运营期地面长期沉降预警体系研究、智慧预警决策平台研发、地面长期沉降监测预警应用示范研究。

本书研究的目标是以城市高密集区地铁运营期地面长期沉降这一重要过程为研究对象，以工程地质学理论和现场监测、理论分析、软件开发相结合为研究手段，寻求实现融合 DInSAR-GPS-GIS 技术的城市高密集区地面长期沉降实时监测的新方法，建立城市高密集区地铁运营期地面长期沉降预警体系，进而研发智慧预警决策平台，构建面向城市高密集区地铁运营期地面长期沉降预警应用示范系统。

本书研究的主要思路如图 4 所示。

本书研究的总体方案如下：

（1）研究区域选取与 SAR 数据来源

研究区域选取杭州地铁 1 号线武林广场站—定安路站区间，包括武林广场站、凤起路站、龙翔桥站、定安路站，全长 2.8km。该研究区域为杭州市规模最大的商业街，延安路将杭州市内最大的三个商圈（武林商业圈、湖滨商业圈、吴山商业圈）串联起来，人口众多，其道路两边分布有杭州大厦、银泰百货武林店、杭州百货大楼等众多重要建筑群。因此，对该区域的研究具有应用示范意义，SAR 数据从欧空局网址（https://scihub.copernicus.eu/）实现下载。

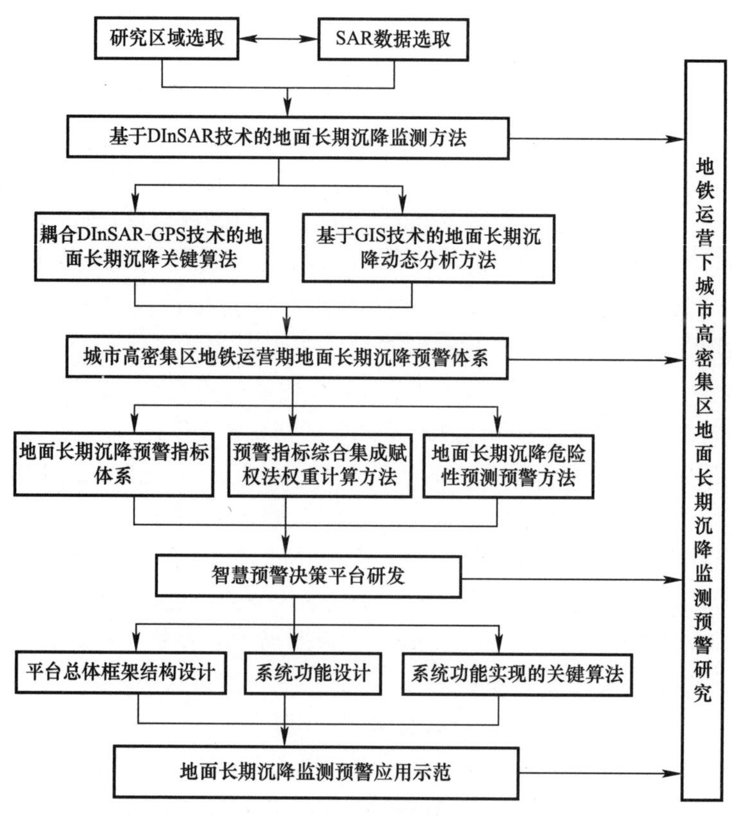

图 4　研究技术路线

（2）基于 DInSAR 技术的地面长期沉降关键算法

对获取的地铁运营区域的 SAR 数据，进行基线估计，主要包括初始基线估计和精密基线确定，其实现的基本思路（图 5）。初始基线估计主要是利用轨道数据对主辅影像所对应的轨道方程进行拟合，然后根据配准参数，求主影像像元点在卫星轨道上对应的成像位置，同时利用 SAR 干涉量测数据提取的干涉相干条纹，运用具有最小方差无偏估计特性的卡尔曼滤波法递推估计基线分量。精密基线确定主要是利用干涉图（初始基线计算得到）和高相干图（GPS 控制点计算得到）进行相位解缠，计算精密基线。高相干图主要通过利用延安路两边的重要建（构）筑物（如杭州大厦、银泰百货武林店）标志性点获取。通过获取的标志性点构建城市高密集区（杭州市延安路区域）GPS 控制网，结合杭州地铁1 号线武林广场站—定安路站区间的运营特点，选取关键控制点，根据平均相干系数进行阈值选取，当相干系数均值不小于给定阈值的目标像元时，作为高相干目标，提取干涉相位，进行相位解缠。

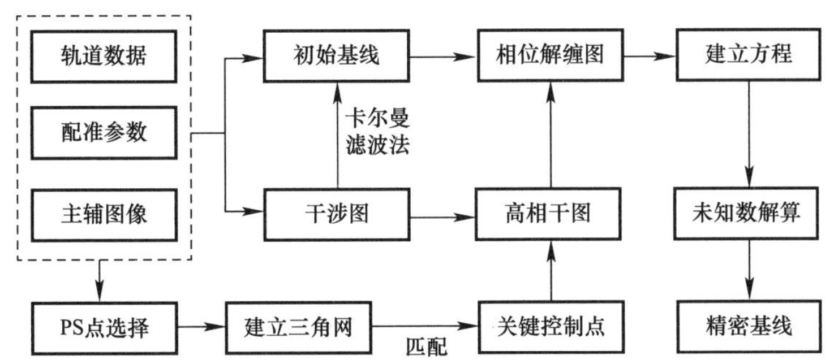

图 5　改进的基线估计基本流程

相位解缠算法有 Region Growing 法、Minimum Cost Flow 法和 Delaunay MCF 法。Region Growing 法，相位突变部分在解缠后的图像上以解缠孤岛存在，该法降低了由相位突变引起的偏差；Minimum Cost Flow 法采用正方形的格网，考虑了图像上所有的像元，对相干性小于阈值的像元做了掩膜处理。Delaunay MCF 法仅考虑了相干性大于阈值的部分，而且不是用正方形的格网而是用了德罗尼三角形格网，只有对相干性高的部分进行解缠，不受低相干像元的影响。

(3) 基于 DInSAR 技术的地面长期沉降动态分析方法

该方法实现的基本思路如图 6 所示。运用 ArcGIS 空间分析模块，对获取杭州地铁 1 号线武林广场站—定安路站区间延安路区域的 DInSAR、GPS 等各类监测数据进行预处理，包括格式转换、坐标配准、图幅拼接、图像裁剪、图形编辑和统计运算，然后建立时空数据模型，其系统数据库包括遥感影像数据、矢量数据和属性数据，数据类型主要包括 Microsoft Access 数据和 ArcGIS 的 Shapefile 数据。最后对研究区域地面长期沉降形变信息进行提取和三维动态交互式可视化，包括地面长期沉降量、地面长期沉降速率、地面长期沉降面积等形变信息，以及地面长期沉降三维动态模拟。

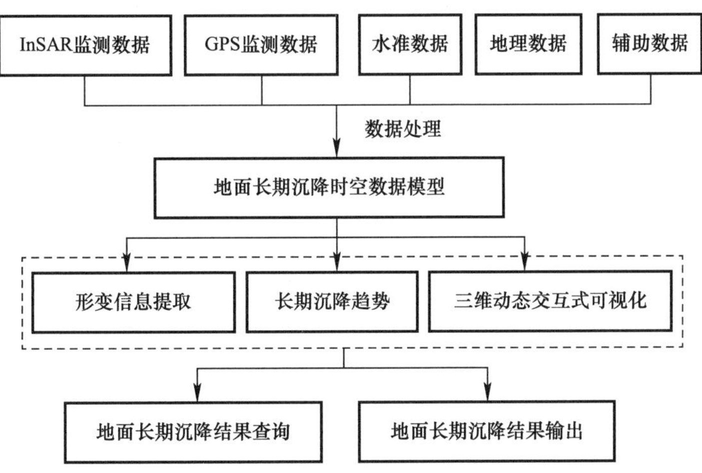

图 6　基于 DInSAR-GPS-GIS 耦合的地面长期沉降动态分析流程

(4) 地面长期沉降预警指标体系

对影响杭州地铁 1 号线武林广场站—定安路站区间地面长期沉降的影响因素进行分析，包括地质条件、水文条件、地面重要建（构）筑物荷载、地铁行车循环动荷载、密集人流荷载等，进而基于指标采用率法，同时考虑指标评价的先进性原则，运用指标采用率法、综合现场调查和专家咨询法以及 AHP 法，对研究区域的地面长期沉降预警指标进行初选、筛选，建立包含若干准则层和若干指标层的地面长期沉降预警指标体系。

（5）智慧预警决策平台研发

基于智能移动终端平台（Android 系统），对预警决策平台进行研发，主要包括平台总体框架结构设计、系统功能设计、系统功能实现的关键算法。软件系统模块包括地面长期沉降数据库模块、地面长期沉降数据存储服务模块、地面长期沉降数据界面模块、地面长期沉降警情判断预案模块、地面长期沉降预警指标权重设置模块、地面长期沉降核心模块。系统功能实现的关键算法，主要包括 MATLAB JAVA 组件开发、基于 AT 指令的短信报警。MATLAB JAVA 组件开发，实现方法是对用 MATLAB 和 JAVA 混合编程进行地面长期沉降危险性预测时，在 MATLAB 中编写好 .M 文件，再将其转化成包，里面包含 JAR 文件、CLASS 文件、JAVA 文件，将这个包导入 ECLIPSE 中作为 JAVA 的内部函数；基于 AT 指令的短信报警，主要是通过 JAVA 串口通信，设置短信中心号码和服务模式，然后发送和接收短信。

（6）地面长期沉降监测预警应用示范

利用合作单位杭州市地铁集团有限责任公司的地铁项目资源，选取杭州地铁 4 号线一期工程城星路站—市民中心站—江锦路站区间、新风站—火车东站—彭埠站区间作为应用示范区域，将城市高密集区地面长期沉降监测方法、预警体系和智慧预警决策平台应用到杭州地铁 4 号线运营中的信息采集、分析与处理、危险性预警预测，构建面向城市高密集区地铁运营期地面长期沉降预警应用示范系统，验证地铁运营下城市高密集区地面长期沉降监测方法、预警体系，以及智慧预警决策平台的有效性。

1 城市高密集区地铁运营引起地面长期沉降的基本理论

1.1 地铁运营与土体变形的基本理论

1.1.1 软土的基本性质

我国东部沿海的特大城市，如杭州、上海、南京等是软土广泛分布的地区，主要在沼泽、谷地、湖泊或江河的浅滩处沉积，一般由软黏土、细砂、杂填土等组成，软土沉积地段多潮湿，有大量的喜水植物生长，因而土壤中也含有一定量的腐殖质。软土的特性有[22,23]：

（1）含水量高

天然软土的含水量在 30%～70%，且一般大于液限，呈流动状态，天然孔隙比在 1.0～1.9，属于淤泥或淤泥质土。

（2）压缩性大

软土的压缩系数为 0.5～2MPa^{-1}，属于高压缩性土，随着液限的增大，压缩性也随之增大。大多数软土都是在第四纪后期形成，属于正常固结土，但也有欠固结土，它们都是在近期沉积，且未固结完全，会继续下沉。

（3）渗透性小

软土的渗透系数一般在 1×10^{-8}～1×10^{-7}，当有荷载作用时，其固结速率很小，强度不易提高，且当软土中含有较多的有机质时，在荷载作用下会有气泡产生，使排水的通道堵塞，渗透性大大降低。

（4）抗剪强度低

软土的黏聚力在快剪情况下约为 10kPa，内摩擦角为 0～5°。

（5）流变性显著

土体受到剪应力，会产生剪切形变，剪应力越大，形变越明显，当剪应力足够大，受力时间足够长，土体就可能剪切破坏，此时的剪应力比常规实验获取的抗剪强度值小，为长期抗剪强度，其值为常规实验法获取的抗剪强度的 40%～80%，塑性指数越大，其值越小。

（6）具有结构性

当软土受到外力作用发生扰动，其内部的絮凝结构会遭到破坏，土体强度下降，甚至产生流动状态。当软土受到扰动，静置一段时间，其强度会渐渐恢复，但无法完全恢复。

（7）内部构造复杂

软土的主要成分是黏土粒和粉粒，含有一定量的有机质，其中黏粒含量占大多数，可达 60%～70%。黏土粒的矿物成分主要是高岭土、水云母、蒙脱石，组成黏土的矿物颗粒非常小，一般为薄片状，表面带有负电荷，有大量的偶极化分子在黏土颗粒周围吸附。

（8）具有较大的吸力

软土物体的吸力主要由三部分组成，分别为土体与物体接触面的粘结力、真空负压、软土对物体侧面的摩阻力。其中，真空负压是最主要因素。

1.1.2　软土的压缩性与沉降

土体受到荷载作用后会产生形变和附加应力，其中的形变包括体积上的变化、形状的变形。通常情况下，土体的体积变形为体积的减小，土体的压缩性指土体在荷载作用下体积减小的特性。土体的压缩由三部分组成[24]：①土体颗粒自身在荷载作用下的压缩；②存在土体空隙中的水、空气在荷载作用下被压缩；③受荷载作用，土体空隙中的水与气体排出，导致空隙被压缩。研究表明，土体在工程压力（100～600kPa）作用下，土体内部的颗粒、水与被封闭在土体中的空气的压缩量，仅占土体总体压缩量的极微小部分。因而，土体的压缩可视为土体中存在的水、空气在荷载作用下被排出后的孔隙体积缩小造成。

若受荷土体被封闭的空气极少，则土体的体积缩小主要是土体中的孔隙水被挤出造成，而土的渗透性对孔隙水的排出速率影响很大。对于土体内部孔隙较大的土壤，其透水性好，则土体中水就容易排出，加荷后，压缩较快；而对于饱和黏性土，其透水性较差，土体孔隙中的水很难排出。因此，黏性土的压缩量与时间关系较大。

土是固、液、气三相组成的分散系，其表达式为：

$$V = V_s + V_w + V_a \tag{1.1}$$

式中，V 为土体总体积；V_s 为固相体积；V_w 为液相体积；V_a 为气相体积。

式（1.1）还可以写成：

$$V = \frac{m_s}{\rho_s} + \frac{1}{B_r} \cdot \frac{m_w}{\rho_w} \tag{1.2}$$

式中，m_s 为常数；m_w 也为常数（若为不排水）；B_r 为饱和度。

对式（1.2）的时间 t 求导，可得：

$$\frac{1}{V} \cdot \frac{\Delta V}{\Delta t} = \frac{1}{\rho_s} \cdot \frac{\Delta \rho_s}{\Delta t} + \frac{e}{B_r} \cdot \frac{\Delta B_r}{\Delta t} + \frac{e}{\rho_w} \cdot \frac{\Delta \rho_w}{\Delta t} \tag{1.3}$$

式中，e 为孔隙比，$e=\frac{V_w}{B_t \cdot V_t}$。

通过大量的压缩实验有：

$$\frac{\Delta v}{\Delta t} = -m(1+e)V_s \cdot \frac{\Delta p}{\Delta t} = -k_v \cdot V_s \cdot \frac{\Delta p}{\Delta t} \tag{1.4}$$

式中，m 为体积的压缩系数；k_v 为压缩系数；p 为有效应力。

将式（1.4）代入式（1.3），有：

$$\frac{k_u}{e} \cdot \frac{\Delta p}{\Delta t} = \frac{1}{B_r} \cdot \frac{\Delta B_r}{\Delta t} + \frac{k_v}{e} \cdot \frac{\Delta u}{\Delta t} + \frac{1}{\rho_w} \cdot \frac{\Delta \rho_w}{\Delta t} + \frac{1}{e\rho_s} \cdot \frac{\Delta \rho_s}{\Delta t} \tag{1.5}$$

土体孔隙中的水密度与土颗粒密度随压力发生变化，近似将其表达为：

$$\frac{\Delta \rho_w}{\Delta t} = \rho_w \cdot \gamma_w \cdot \frac{\Delta u}{\Delta t} \tag{1.6}$$

$$\frac{\Delta\rho_s}{\Delta t}=\rho_s\cdot\gamma_s\cdot\frac{\Delta u}{\Delta t} \tag{1.7}$$

式中，γ_w 为水的压缩模量；γ_s 为土颗粒的压缩模量。

根据波义耳定律，当受到荷载作用时，气体的体积会减小，压力与气体的体积成反比；根据亨利定律，气体受到荷载作用后会有少部分溶于水。因此，推导出公式为：

$$\frac{\Delta B_r}{\Delta t}=\frac{p_0(1-B_r+HB_r)}{(u+p_g')^2}\cdot\frac{\Delta u}{\Delta t} \tag{1.8}$$

式中，p_0 为初始气压；H 为亨利溶解系数；p_g' 为孔隙气压与水压差。

将式（1.7）、式（1.8）代入式（1.6）有：

$$\frac{k_v}{e}\cdot\frac{\Delta p}{\Delta t}=\left[\frac{p_0\cdot(1-B_r+HB_r)}{B_r(u+p_g')^2}+\frac{k_v}{e_0}+\gamma_w+\frac{\gamma_s}{e}\right]\cdot\frac{\Delta u}{\Delta t} \tag{1.9}$$

式中，e 取 0.7；u 取 50kN/m^2；H 取 0.02；p_0 在黏土、粉质土、砂土中分别取 470kPa、9.0kPa、0.3kPa。

土体受到荷载作用产生的沉降包括三方面：①初始沉降：又称弹性沉降或瞬时沉降，一般发生在恒定体积的条件下，土体受荷后发生的弹性瞬时沉降；②主固结沉降：又称固结沉降，是饱和黏性土的土体中的孔隙水排出，内部土颗粒挤压，土体固结引起沉降；③次固结沉降：发生在主固结沉降之后，在恒定应力作用下，土体内部颗粒重新排列导致土骨架蠕变。

1.1.3 土体固结理论

饱和土在受到荷载作用下孔隙水的排出，压缩形变量随时间增长的过程为固结，主要有：

（1）太沙基一维固结理论

太沙基一维固结理论主要用来解决沉降与时间关系的问题[25]，由太沙基于 1923 年提出。其有以下几个基本假设：

① 土体是理想弹性，且完全饱和、均质；

② 土体仅发生竖向渗流；

③ 土体中的水渗流符合达西定律，且在渗透固结过程中，压缩系数与固结系数均为常量；

④ 土颗粒与水不可压缩；

⑤ 外荷载为瞬时作用且保持不变的无限均布荷载。

在以上基本假设下，得到太沙基单向固结方程：

$$G_v\cdot\frac{\Delta^2 u}{\Delta z^2}=\frac{\Delta u}{\Delta t} \tag{1.10}$$

式中，G_v 为土体固结系数，$G_v=\dfrac{k\cdot(1+e)}{k_v\cdot\beta_w}$。

假定该土层的厚度为 L，且单面排水，则有：

$$u(z,p)=\sum_{m=1}^{\infty}\left(\frac{2}{L}\int_0^H u_0\sin\frac{MZ}{L}\mathrm{d}z\right)\sin\frac{MZ}{L}e^{-M^{3}T_v} \tag{1.11}$$

式中，T_v 为时间要素，且 $T_v=G_v \cdot t/L^2$；$M=\frac{2k-1}{2}\cdot\pi$；K 为自然数。

当压缩层 u_0 均匀分布，则在经过时间 t 的压缩量、平均固结度为：

$$s(t)=m_v\int_0^L(u_0-u)\mathrm{d}z=m_vu_0L\left(1-\sum_{m=1}^{\infty}\frac{2}{M^2}e^{-M^{3\mathrm{Tv}}}\right) \tag{1.12}$$

$$U(t)=\frac{u_0-\bar{u}(t)}{u_0}=u_0\sum_{m=1}^{\infty}\frac{2}{M^2}e^{-M^{3\mathrm{Tv}}} \tag{1.13}$$

对弹性土体，从式（1.12）、式（1.13）得固结度 U，有：

$$U(t)=\frac{u_0-\bar{u}(t)}{u_0}=\frac{s(t)}{s(\infty)} \tag{1.14}$$

式中，$s(\infty)$ 为土体的最终沉降值，$s(\infty)=m_v\cdot u_0\cdot L$。

太沙基理论可满足基本的工程需要，但是其约束条件太多，在实际操作过程中难以实现，若需要更高精度的要求，则无法满足需求，特别是在二维、三维条件下精确度不高。

（2）多维固结理论

比奥理论又称真三维固结理论[26]，是由比奥于 1941 年提出，该理论可以较准确反映孔压消散对土骨架变形的影响，并推导出三维方程。

从土体中任意取一点，且体积上只考虑重力，并规定 Z 方向的正方向为向上，应力受压为正，其三维平衡方程为：

$$\left.\begin{aligned}\frac{\Delta\sigma_x}{\Delta x}+\frac{\Delta\tau_{xy}}{\Delta y}+\frac{\Delta\tau_{zx}}{\Delta z}&=0\\\frac{\Delta\tau_{xy}}{\Delta x}+\frac{\Delta\sigma_y}{\Delta y}+\frac{\Delta\tau_{yz}}{\Delta z}&=0\\\frac{\Delta\tau_{zx}}{\Delta x}+\frac{\Delta\tau_{yz}}{\Delta y}+\frac{\Delta\sigma_z}{\Delta z}&=-\beta\end{aligned}\right\} \tag{1.15}$$

式中，应力为总应力，β 为土体容重。

由有效应力原理，总应力由有效应力与孔隙压力 q 组成，且孔隙内的水不承受剪应力，因此，式（1.15）可表达为：

$$\left.\begin{aligned}\frac{\Delta\sigma_x'}{\Delta x}+\frac{\Delta\tau_{xy}}{\Delta y}+\frac{\Delta\tau_{zx}}{\Delta z}+\frac{\Delta u}{\Delta x}&=0\\\frac{\Delta\tau_{xy}}{\Delta x}+\frac{\Delta\sigma_y'}{\Delta y}+\frac{\Delta\tau_{yz}}{\Delta z}+\frac{\Delta u}{\Delta y}&=0\\\frac{\Delta\tau_{zx}}{\Delta x}+\frac{\Delta\tau_{yz}}{\Delta y}+\frac{\Delta\sigma_z'}{\Delta z}+\frac{\Delta u}{\Delta z}&=-\beta\end{aligned}\right\} \tag{1.16}$$

将式（1.16）中的应力转化为应变来表示，比奥理论中的土骨架为弹性体，则其符合广义胡克定律，有：

$$\left.\begin{aligned}\sigma_x'&=2E\left(\frac{\nu}{1-2\nu}\varepsilon_\nu+\varepsilon_x\right)\\\sigma_y'&=2E\left(\frac{\nu}{1-2\nu}\varepsilon_\nu+\varepsilon_y\right)\\\sigma_z'&=2E\left(\frac{\nu}{1-2\nu}\varepsilon_\nu+\varepsilon_z\right)\\\tau_{yz}&=E\gamma_{yz},\tau_{zx}=E\gamma_{zx},\tau_{xy}=E\gamma_{xy}\end{aligned}\right\} \tag{1.17}$$

式中，E 与 ν 分别为剪切模量与泊松比。

假定变形为小变形，由几何条件得其几何方程为：

$$\left.\begin{aligned}\varepsilon_x &=-\frac{\Delta w_x}{\Delta x},\gamma_{yz}=-\left(\frac{\Delta w_y}{\Delta z}+\frac{\Delta w_z}{\Delta y}\right)\\ \varepsilon_y &=-\frac{\Delta w_y}{\Delta y},\gamma_{yz}=-\left(\frac{\Delta w_x}{\Delta z}+\frac{\Delta w_z}{\Delta x}\right)\\ \varepsilon_z &=-\frac{\Delta w_z}{\Delta z},\gamma_{yz}=-\left(\frac{\Delta w_y}{\Delta x}+\frac{\Delta w_x}{\Delta y}\right)\end{aligned}\right\} \tag{1.18}$$

式中，w 为位移。

将式（1.18）代入式（1.17），再代入式（1.16），得到位移与孔隙压力表示的平衡微分方程式为：

$$\left.\begin{aligned}-E\nabla^2 w_x-\frac{E}{1-2\nu}\cdot\frac{\Delta}{\Delta x}\left(\frac{\Delta w_x}{\Delta x}+\frac{\Delta w_y}{\Delta y}+\frac{\Delta w_z}{\Delta z}\right)+\frac{\Delta u}{\Delta x}&=0\\ -E\nabla^2 w_y-\frac{E}{1-2\nu}\cdot\frac{\Delta}{\Delta y}\left(\frac{\Delta w_x}{\Delta x}+\frac{\Delta w_y}{\Delta y}+\frac{\Delta w_z}{\Delta z}\right)+\frac{\Delta u}{\Delta y}&=0\\ -E\nabla^2 w_z-\frac{E}{1-2\nu}\cdot\frac{\Delta}{\Delta z}\left(\frac{\Delta w_x}{\Delta x}+\frac{\Delta w_y}{\Delta y}+\frac{\Delta w_z}{\Delta z}\right)+\frac{\Delta u}{\Delta z}&=-\beta\end{aligned}\right\} \tag{1.19}$$

式中，$\nabla=\frac{\Delta}{\Delta x}+\frac{\Delta}{\Delta y}+\frac{\Delta}{\Delta z}$。

由达西定律，则通过该点的 x，y，z 面上的单位流量为：

$$\left.\begin{aligned}l_x &=-\frac{k_x}{\beta_w}\cdot\frac{\Delta u}{\Delta x}\\ l_y &=-\frac{k_y}{\beta_w}\cdot\frac{\Delta u}{\Delta y}\\ l_z &=-\frac{k_z}{\beta_w}\cdot\frac{\Delta u}{\Delta z}\end{aligned}\right\} \tag{1.20}$$

式中，k_x、k_y、k_z 分别为 x、y、z 方向上的渗透系数；β_w 为水的容重。

由饱和土体连续性可知，在单位时间内，单元土体的压缩量为通过该单元体的三个表面的流量变化和，其方程式为：

$$\frac{\Delta(\varepsilon_v \mathrm{d}x\mathrm{d}y\mathrm{d}z)}{\Delta t}=\frac{\Delta(l_x\mathrm{d}y\mathrm{d}z)\mathrm{d}x}{\Delta x}+\frac{\Delta(l_y\mathrm{d}z\mathrm{d}x)\mathrm{d}y}{\Delta y}+\frac{\Delta(l_z\mathrm{d}x\mathrm{d}y)\mathrm{d}z}{\Delta z} \tag{1.21}$$

$$\frac{\Delta\varepsilon_v}{\Delta t}=\frac{\Delta l_x}{\Delta x}+\frac{\Delta l_y}{\Delta y}+\frac{\Delta l_z}{\Delta z} \tag{1.22}$$

$$\frac{\Delta\varepsilon_v}{\Delta t}=-\frac{1}{\beta_w}\left(k_x\cdot\frac{\Delta^2 u}{\Delta x^2}+k_y\cdot\frac{\Delta^2 u}{\Delta y^2}+k_z\cdot\frac{\Delta^2 u}{\Delta z^2}\right) \tag{1.23}$$

若 $k_x=k_y=k_z=k$，且 ε_v 用位移表示，则孔压力与位移表示的方程为：

$$\frac{k}{\beta_w}\cdot\nabla^2 u-\frac{\Delta}{\Delta t}\left(\frac{\Delta w_x}{\Delta x}+\frac{\Delta w_y}{\Delta y}+\frac{\Delta w_z}{\Delta z}\right)=0 \tag{1.24}$$

将式（1.24）与上述式（1.19）等联立，即为比奥固结方程，要解该方程非常困难，且当边界情况特别复杂时，便无法求解，但随着计算机的发展，该理论逐渐得到重视。

1.1.4　动荷载下土体变形特征

在地铁运营阶段，导致地铁地基沉降的重要原因是地铁循环振动荷载。地铁动荷载作为地铁长期的反复荷载，造成对周围土体的振陷扰动，最终导致隧道沉降和地面沉降。

在地铁动荷载不断作用下，地铁运营地基下软黏土会慢慢变形，分为弹性变形和塑性变形。弹性变形是软土在外力作用下，发生的变形若不超过一定限度，当撤销外力，又会回到原来的状态，这种变形不会对地基沉降产生影响；塑性变形就相对严重，软土受到的力大于自己的承载极限，发生了不可逆的形变。在这种情况下，会发生两种过程，因为软土本身透水性差，而孔隙比大，说明软土里水的含量很高，所以软土基本处于不排水或者很少排水的状态，当受到压力时，软土颗粒间的空隙中的水来不及排出，所以软土受到的压力全部都是由软土颗粒承受，导致空隙之间水周围受到的压力不断升高，会引起软土颗粒的重新排列。另外，随着地铁慢慢地远去，软土受到压力慢慢减小，空隙间的水受到的压力就会慢慢减小，然后软土就会慢慢排水，从而软土体积变小。当地铁来来往往，地基软土就会循环处于固结不排水和固结排水这两种过程，导致地基沉降加剧，尤其是固结排水。地铁运营的前五年，是地铁沉降的主要原因，沉降量也占全部沉降的60%～80%，而后的沉降很微小，也很缓慢[9]。

刘明等[13]研究地铁荷载作用下软土出现的长期沉降问题，采用拟静力有限元计算和经验拟和计算模型相结合的预测方法，土中应力分量计算采用有限元方法，不排水累积变形引起的沉降计算，每层土的不排水累积变形后用分层总和法计算最终不排水累积沉降值 S_d：

$$S_d = \sum_{i=1}^{n} \varepsilon_i^p h_i \tag{1.25}$$

式中，ε_i^p 为第 i 层的累积塑性应变；h_i 为第 i 层厚度；n 为压缩层的分层总数。若按年运行次数为 200000 次，1 年、2 年、5 年、10 年、20 年后沉降分别为 0.44cm、0.70cm、1.28cm、2.03cm、3.20cm。

不排水累积孔压消散引起的固结沉降计算，同样根据隧道下部软土地基的分层的应力状态，计算得到用每层中心点的孔隙水压力来代替该层的孔压大小，孔隙水压力的消散过程可以采用 Terzaghi 一维固结理论进行计算，每一层的固结沉降由此土层对应的固结度来控制，那么将各层的固结变形相加后可以得到整个土层的固结沉降 S_v：

$$S_v = \sum_{i=1}^{n} m_{vi} h_i u_i U \tag{1.26}$$

式中，n 为总压缩层分层数；h_i 为第 i 层的厚度；u_i 为第 i 层的不排水循环累积孔压；m_{vi} 为第 i 层的体积压缩系数；U 为第 i 层的固结度，累积孔压从长期来讲可考虑为已完全消散，因此固结度取为 100%，若按年运行次数为 200000 次，1 年、2 年、5 年、10 年、20 年后沉降分别为 3.75cm、4.92cm、7.03cm、9.21cm、12.07cm。

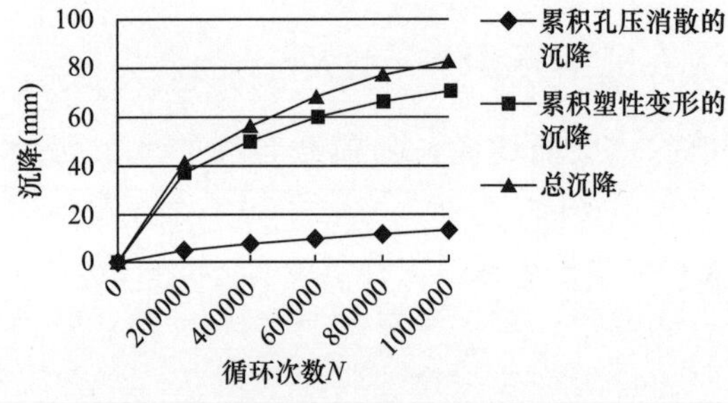

图 7　隧道沉降量与荷载循环次数关系图

总沉降计算，将不排水塑性累积变形得到的沉降与累积孔压消散得到的沉降相叠加便计算出总沉降（图 7）。从图 7 中可看出，1000000 次相当于 5 年运行时间后趋于稳定，此时沉降值为 8.32cm。

通过上述研究可知，地铁运营在第一年的沉降量非常大，在 5 年之后就渐渐趋于稳定，累积孔压基本稳定不变，而塑性变形缓缓增加，相对整个过程，塑性变形为主要控制对象。

林峰[27]在基于上海软黏土振动特性，对塑性累积变形和孔压消散模型进行分析，计算路基土体在移动列车荷载作用下的应力场和沉降变形规律，认为上海地铁运营 10 年后总的变形量将达到 25mm，其中黏土层的累积塑性变形在运营 10 年后还在慢速发展而累积孔压已趋于稳定，因而运营后期的主要变形来自于累积塑性变形。

孟光等[28]对列车运行对隧道周围土体变形和荷载下沉量进行了研究，通过增加循环荷载的加载次数，设置 a、b、c、d 四个地表参考点，分别距离地铁隧道右侧 5m、10m、15m、20m，记录土体变形随地铁运行时间增加的变化情况（表 1）。

地面点随循环荷载加载次数增加的竖向变形 **表 1**

时间	参考点随加载次数变形量（cm）			
	a	*b*	*c*	*d*
1d	1.043	0.932	0.625	0.326
5d	2.145	1.936	1.536	0.875
10d	2.617	2.532	2.316	1.335
30d	3.817	3.521	3.167	1.791
60d	5.157	4.799	3.881	1.994
0.5 年	5.464	5.025	4.125	2.125
1 年	5.622	5.165	4.193	2.188
1.5 年	5.756	5.276	4.256	2.253
2 年	5.833	5.329	4.304	2.312
4 年	6.236	5.885	4.462	2.463
6 年	6.467	6.068	4.556	2.527
8 年	6.635	6.212	4.596	2.563
10 年	6.693	6.285	4.614	2.601

由表 1 可知，地铁运行产生的动荷载作用在土体上，在地铁运营初期，土体竖向位移变形变化快，在第 0.5 年的时候，土体变形基本上达到最终变形的 70%；在第 4 年以后，土体变形随着时间的增加，变化量逐渐减小，在第 10 年趋向稳定。

闫春岭等[29]采用循环三轴系统，对上海地铁 2 号线静安寺附近的土进行累积应变和应力关系的试验，通过对比在不同的循环应力和不同土体响应频率下，土体累积塑性应变率的变化曲线来判断两者的关系（图 8）。

由图 8 可知，土体累积塑性应变与振动次数 N、动载幅值 ADSA 及荷载频率 f 有关。当振次一定时，累积塑性应变随动载幅值的增大而增大，随荷载频率的增大而减小；在长期循环荷载作用下，土体累积应变历经了快速增长—匀速增加—衰减稳定 3 个阶段，说明地铁行车荷载作用下，地铁运营初期隧道周围土体的累积变形比较大，但随着运营时间的增长，土体逐渐趋于密实，其变形速率逐渐减小，累积变形最终趋向稳定。因此，地铁运营初期应该是隧道周围土体形变及隧道轴线沉降等工程地质灾害防治的重点。

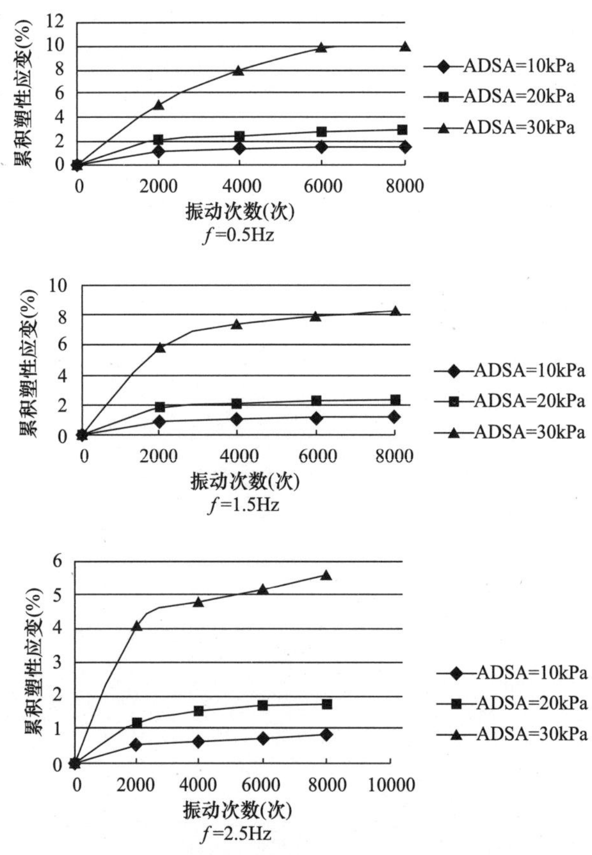

图 8 土体累积应变与应力水平关系曲线

1.2 地面长期沉降基本理论

地面长期沉降是指在自然和人为的因素下，由于地表松散土体压缩而导致的区域性地面标高降低的一种环境地质现象，造成了不可补偿的环境损失，其原因正是环境系统遭到了破坏。自然因素包括地壳的升降、地震、火山活动、气候变化海平面上升及土体自然固结等；人为因素包括矿产开采、地下流体资源开采、地表荷载、工程施工等。

1.2.1 地面沉降的原因

（1）地下水资源的开采

位于未固结或半固结的疏松沉积层地区里的大城市，由于潜水含水层的水容易被污染，故要开发深层的水作为生活用水。在含水层本身和位于它上下的含水层中的孔隙水压力随着承压水位的降低而减少，导致水压力减少的原因正是地下水的抽汲。土中覆盖层的应力称为总应力，由土颗粒骨架和孔隙水一起承担，孔隙水压力的减少必然导致土体骨架受力增大，即有效压力增大，土骨架承担部分造成土的压密，孔隙水压力则不能直接造成土的压密。

地下水资源各组分的性质及其造成的地面沉降，都是从地层中抽汲流体的结果，包括：

第一个组成部分，称为黏性土释水。水从黏性土中排出的条件是黏土层与含水层的水头差足以抵消水与颗粒之间的结合力，因为黏性土孔隙较小，绝大部分为结合水。这部分水被抽取后，由于土的变形是塑性变形，所以想要恢复只能恢复水压而孔隙度与水容量不能恢复到原状，因而这种水被抽离会导致地面永久性沉降。

第二个组成部分，称为因压力水头下降使水体积膨胀而增加的水量。水抽取后使水压恢复到原状则水体积可恢复到原状，属可补偿的水资源，量不大，不对地面沉降造成直接影响。

第三个组成部分，称为越流量。是取水层通过黏土层向含水层所取的水量，这部分水来自另外 4 部分水，对地面沉水量不大，对地面沉降影响很小。

第四个组成部分，为含水层骨架压缩而排出的水量。含水层的石英类矿物抗压能力较大，一般压力只能使其轻微压缩，增大接触面积，减少孔隙率，故部分水量被排出，但此部分变形为弹性变形，水压力一恢复，形变也恢复，是导致地面暂时性沉降的原因。

第五个组成部分，为从外界获取的水量。由于抽取该部分水及时又可被补充上，水位并不会下降，所以不影响地面沉降。

地面沉降有阶段性发展的特点，表明年度土层压缩量和高峰压缩期的低水位存在密切的关系。开采地下水导致承压地下水的水位下降，黏土层的孔隙水将逐渐向含水层释水，黏土层的孔隙水压力逐渐消散而引起黏土层的压密。地下水的低水位期持续时间越长，则黏性层的释水量就越大，土层进入塑性变形的时间也就越长，土层的压缩量越大；当水位回升后，土层吸水回弹的时间更长，所需的回弹量也更大，延长了土层的滞后变形阶段。

（2）城市工程建设

城市建设主要分为两大类：水平方向为主和垂直方向为主。水平方向主要包括道路、地铁、隧道等建设等。垂直方向主要包括基坑开挖、沉桩等。对地面沉降中心的地下水以及地面分层标监测分析表明，自 20 世纪 90 年代中期以来，地面沉降与地下水的相关性逐渐变差，城市城区在进入大规模的城市化建设后，地表动静荷载对地面沉降作用越来越突出。

基坑开挖时容易遇到流变特性的饱和软土，若基坑的大小深度都偏大，容易使支护结构失稳，导致周围地层沉降。盾构掘进时，土层在沿盾构前进的方向上出现滞后性的沉降，但造成滞后沉降的还有沉桩，沉桩导致土层内孔隙水压变高，使地表隆起，而水压力要经过相当长的一段时间才能消散，使地面沉降出现滞后。

1.2.2 盾构隧道施工引起的地面长期沉降

在城市工程中，盾构隧道引起的地面长期沉降的因素相当复杂，隧道施工状态、运营期列车运行产生的循环动荷载、隧道周围的土性特点、隧道的渗流特性等都对其产生影响。如果不考虑列车长期循环荷载的影响，盾构施工引起的地面长期沉降主要由两部分组成：一是施工期间的地面沉降，即假定土体不排水，地面沉降主要由土体损失、正面附加推力、盾壳摩擦力和纠偏引起，在开挖面通过一定距离后，可以只考虑土体损失引起的地面沉降；二是受扰动土体的工后地面沉降，按发展机制可分为隧道周围土体超孔隙水压力消散引起的固结沉降、隧道周围扰动土体时效变形引起的地面长期沉降，即次固结沉降。

张冬梅等[30]设定，上方土体固结时，不考虑隧道本身的变形；不考虑由土壤重力引起的土体扰动区域上方的固结；固结沉降由扰动区域上方土体的自重引起，且只考虑扰动区域上方土体的自重应力。采用黏弹性模型，推导隧道轴线上方地面长期沉降的计算公式为：

$$S(t)=\frac{pb\omega}{4\left[\frac{1}{E_1}+\frac{1}{E_2}-\exp\frac{\frac{-E_2 t}{\eta}}{E_2}\right]} \tag{1.27}$$

式中，p 为注浆体上部土体总的自重应力；b 为注浆体的宽度；ω 为沉降影响系数；E_1、E_2、η 均为模型参数。

张子新和邵华[31]分析了盾构推进引起的周围土体扰动破坏机制，并基于损伤扰动概念对式（1.27）进行修正，有：

$$S(t)=\frac{pb\omega}{4\left[\frac{1}{E_1(1-D)}+\frac{1}{E_2}-\exp\frac{\frac{-E_2 t}{\eta}}{E_2}\right]} \tag{1.28}$$

式中，D 为注浆损伤变量。

图 9 给出了盾构施工扰动区示意图，图中 h 为隧道轴线埋深，R'为隧道扰动区半径，ϕ 为土体内摩擦角。受扰动影响范围内的土体都会产生固结沉降。

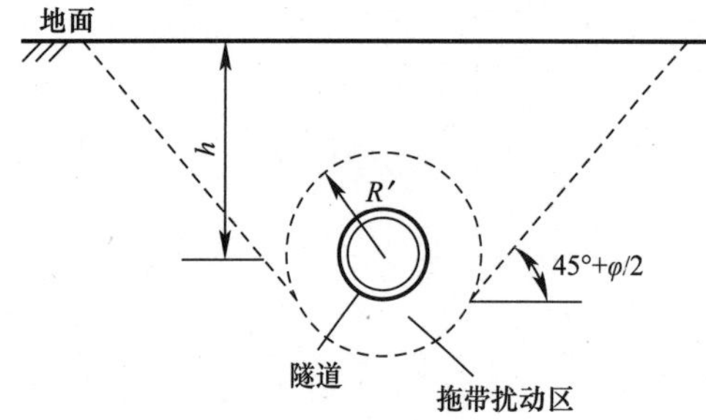

图 9　盾构施工扰动区

由图 9 可知，地面长期沉降由施工时造成的沉降和完工后造成的沉降组成，则假设盾构施工引起隧道上方地面的总沉降量为 S，可假定为：

$$S=S_1+S_2 \tag{1.29}$$

式中，S_1 为施工期间沉降；S_2 为工后沉降。

计算 S_1 的方法主要采用 Peak 公式，Peck 公式假定土体不排水，仅用于计算施工期间的地面沉降，表达为：

$$S(x)=S_1 e^{\frac{-x^2}{2i^2}} \tag{1.30}$$

$$S_1=\frac{V_{\text{loss}}}{i\sqrt{2\pi}} \tag{1.31}$$

式中，$S(x)$ 为地面沉降量；x 为离隧道轴线的横向水平距离；V_{loss}为隧道单位长度土体损失量；i 为施工阶段沉降槽宽度系数。

1.2.3　列车循环动荷载引起的地面长期沉降

土体的弹性变形和塑性变形是引起地面沉降的主要原因，弹性变形的危险性远远没有塑性变形大。弹性变形通常发生在地铁动荷载比较小且循环次数较少的情况下，对于杭州市的运营地铁而言，塑性变形发生的情况比较多，主要体现在那些换乘或者临近商业区、风景区的地铁站碰上节假日，由于地铁循环荷载大，就会长时间处于塑性变形的过程。随着地铁动荷载较大且循环次数较多，这两部分的塑性形变慢慢积累，最终地面就会长期处于沉降状态。

对于列车循环动荷载作用下软土地基累积变形长期沉降的研究，王常晶和陈云敏[32]通过列车动荷载作用下地基临界动应力分布特征，提出分析地基长期附加沉降时，只需考虑临界区域线以内地基土体的变形，如图 10 所示。

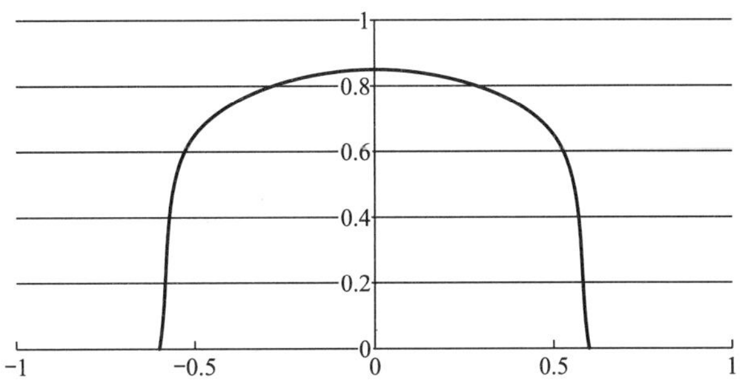

图 10　地基长期沉降形成区域示意图

临界区域线指的是土体临界循环动强度与动应力比相等对应的边界线，在临界区域线以外的土体，动应力比小于临界循环动强度，列车动荷载作用下这部分土体不会产生塑性变形的累积。因此，为有效控制列车动荷载引起的软土地基长期沉降，可设法将动应力比降低在临界动循环强度之内或者仅对动应力比大于临界循环动强度区域的土体进行地基改良。

除运营中列车振动荷载外，还有以下原因导致长期沉降：

(1) 盾构隧道施工中对土体的扰动。在盾构掘进过程中，对周边土体形成扰动，使土体的结构及应力状态发生变化，导致隧道在施工中发生沉降，而受扰动的土体在工后较长时间内发生固结变形，导致隧道在工后长期发生沉降。

(2) 管片局部渗漏。管片局部渗漏使隧道与土体之间的边界条件由不排水变为排水边界，造成隧道周围土体进一步排水固结，使隧道发生工后沉降，隧道沉降与隧道渗透系数比的关系（图 11）。由图 11 中可知，隧道沉降随着隧道渗透系数比的增大而增大[33]。

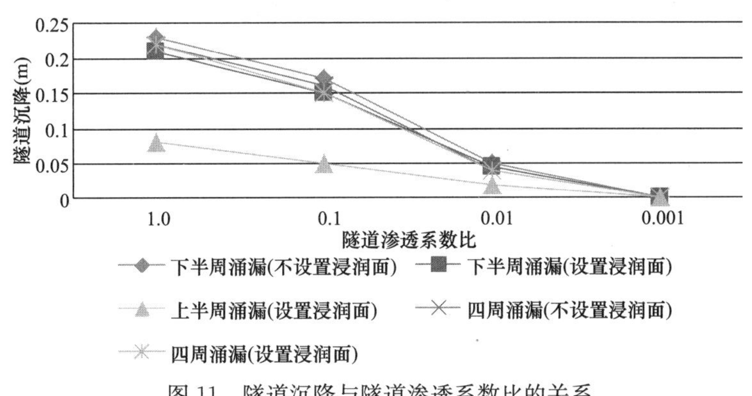

图 11　隧道沉降与隧道渗透系数比的关系

(3) 隧道穿越施工。新建隧道施工将对周围土体产生扰动，当穿越已建地铁隧道或既有房屋建筑结构时，将导致已建结构在纵向产生不均匀沉降，使其长期处于沉降状态。

(4) 隧道周边邻近区域的施工。现阶段由于房地产大量发展导致土地资源稀缺以及价格上涨，而靠近地铁隧道附近施工的项目很多，邻近工程的长时间施工对地铁隧道变形带来直接或间接的影响。

目前有关隧道长期沉降问题的研究，一般采用现场实测及经验法、有限元数值模拟法、解析解法和模型实验法。

① 现场实测及经验法。

黄腾等[34]结合南京地铁西延线隧道沉降监测实例，对隧道结构沉降进行了分析。隧道产生了 3 个明显的沉降漏斗，沉降速率一度不断变大，在地铁管理部门对隧道进行了加固和道床整修处理以后，沉降逐渐趋于稳定。

林永国[35]利用上海地铁 1 号线的长期监测数据，对发生明显不均匀沉降的部位分别进行数据模拟，得到了接头段隧道及中间段隧道的沉降表达式：

$$\text{接头段}\quad S = ax^3 - (168.34a + 0.0005)x^2 + (7836.7a + 0.0566)x + S_0 \quad (1.32)$$

$$\text{中间段}\quad S = ax^3 - (147.52a + 0.002)x^2 + (4674.5a + 0.2091)x + S_0 \quad (1.33)$$

式中，S 为计算点的沉降值；S_0 为分段沉降曲线起始点的沉降值；a 为参数，对接头段隧道为$-8\times10^{-5}\sim2\times10^{-4}$，对中间段隧道$-2\times10^{-4}\sim2\times10^{-4}$；$x$ 为距起始点的水平距离。

鲁志鹏[36]在常规最小二乘法和三次样条函数的基础上，结合盾构隧道自身结构特点，探讨了采用样条函数拟合的可行性，认为隧道长期沉降曲线的拟合可能需要高阶样条函数，需要结合实测沉降数据和隧道的结构特性对样条函数的构造进行优选。

② 有限元数值模拟法。

有限单元法是一种通用的结构分析方法，由于该方法理论上可考虑结构计算的各种影响因素，并利用通用有限元程序作为平台，使有限元法在隧道纵向沉降计算领域获得发展。

吴怀娜等[37]通过有限元法研究了管片局部渗漏对地铁隧道长期沉降的影响，并将集中渗漏均匀化为隧道的均匀渗漏或部分均匀渗漏，以反映渗漏对隧道沉降的影响。研究表明，渗漏量的大小与沉降量的大小成正比，随着渗漏量逐渐增加，沉降量逐级增大，随着地铁的长时间运营，隧道的渗漏点及渗漏量会不断增加，可导致更大的地下水位降深，对隧道的长期沉降影响不容忽视。通过对日本的 Daiba 隧道长期沉降的监测发现，隧道总沉降超过 0.73m，并且沉降持续时间超过 20 年，实测沉降值远大于理论计算值。研究表明，用有限元计算得到的沉降量与实测值更为接近。

③ 解析解法。

解析解法具有概念清晰、便于应用等优点，但对复杂空间结构较困难，需要简化。

赵春彦[38]采用半解析解法在地铁荷载对隧道长期沉降方面进行了研究，将软土中隧道结构的长期沉降分为隧道底部土体蠕变引起的沉降、交通循环荷载引起土体累积变形产生的沉降、交通循环荷载引起土体累积孔压和固结变形导致的沉降四种。

马险峰等[39]利用 Winkler 弹性地基模型，通过不同的基床系数研究下卧层土体受扰动程度不同引起的隧道长期沉降，研究基床系数差异对隧道纵向变形的影响显示，随着土层受扰动程度增大，隧道沉降明显增加。

④ 模型实验法。

采用离心模型实验可研究隧道结构长期变化。通过研究上海地区两种典型的下卧层来研究不同地质条件下地铁隧道纵向长期沉降特性表明：隧道在不同下卧层地质条件下的沉降量差别明显，而且沉降稳定历时长短不一，存在明显的差距；隧道结构在不同下卧层条件下的纵向曲率半径差异显著，导致隧道在纵向上应力分布不均匀；在长期沉降中，隧道衬砌周围的土压力值处于静止土压力和松动土压力之间；超孔隙水压力的消散与下卧土层相关。

上海某隧道公司利用离心模型实验对隧道结构长期沉降进行研究，模拟有无内衬结构对长期沉降的影响、盾构掘进的地层损失对施工期的沉降以及长期沉降的影响、注浆效应及注浆率对施工期和工后长期沉降的影响。实验表明，有内衬的隧道结构，对于地层条件变化较大的地段虽有助于减少结构长期不均匀沉降，但在长期运营中，导致隧道结构的总体沉降偏大，隧道结构在施工期的沉降大约为总沉降量的50%，施工后5～10年内地面沉降基本稳定。

2 地铁运营下城市高密集区地面长期沉降特性研究

2.1 地铁行车荷载理论

确定地铁列车在运行中产生的荷载大小非常困难，因为其涉及的学科较广，包括轨道动力学、结构动力学、车辆动力学、土力学等。与地面交通荷载类似，轨道受到的作用力由两部分组成：车辆的自重和列车因为轨道不平顺等原因振动对轨道形成振动荷载。由于地铁线路一般很长，因此可将地铁隧道看作理想的无限长的等截面结构，因而，地铁列车对隧道的作用形式可以看作平面的应变问题。地铁振动主要由地铁列车的运行引起，运行中的地铁列车会因轨道不平顺等原因对轨道造成振动，轨道的振动通过道床传递给衬砌与周围土体。

2.1.1 列车振动机理

列车自身与轨道是影响列车振动的两大因素。由列车自身引起的振动原因比较单一，主要由车轮面的不圆滑或者车轮偏心引起，而轨道引起的原因较多，包括轨道主体的不平顺、两根轨道相接处有缺陷、轨道基础沉降等。

（1）车轮因素

① 车轮偏心。

若车轮的几何中心与质心不重合，其偏心距为 r_0，则在地铁列车行驶中会有一个大小不变且向外的未平衡惯性力：

$$F = M \cdot w^2 \cdot r_0 = M \cdot \left(\frac{V}{R}\right)^2 \cdot r_0 \tag{2.1}$$

式中，M 为车轮质量；r_0 为车轮转动角速度；V 为列车行驶速度；R 为车轮半径。

将由车轮产生的具有周期性的荷载可表示为：

$$F_v(t) = M \cdot \left(\frac{V}{R}\right)^2 \cdot r_0 \cdot \sin\left(\frac{V}{R} \cdot t\right) \tag{2.2}$$

在地铁列车的作用下，轨道下的土应力变化可交替，当车轮未到达一特定土单元时，水平剪应力呈主导；当车轮刚好在这一土单元上时，占主导地位是垂直应力；当车轮完全离开时，土单元又是水平剪应力占主导地位。

② 车轮扁疤。

在地铁列车行驶过程中，车轮的接触面会因各种原因遭到破坏，并在表面形成凹陷的现象称为扁疤。有扁疤的车轮在行驶过程中会产生特殊的运动现象，当车速较低时，车轮行驶扁疤的左端点时，车轮在该点为圆心旋转，然后以右端点为圆心旋转，再恢复正常行驶；当行驶速度较高时，车轮的左端点与轨道接触后，车轮会悬空，在旋转的同时，在惯性的作用下向前运动，受重力作用下降，右端点对轨道形成较大的冲击作用。

(2) 轨道因素

当车轮经过轨道的不平顺部位时产生强迫振动，在平顺轨道上产生自由振动，如图 12 所示。当轨道平顺时，车轮对轨道无附加作用力；当列车进入轨道不平顺处时，车辆的重心从与原轨道平行的位置突然下降，其大小等于轨道的凹陷深度。这时车轮会与轨道产生强迫振动，车轮对轨道产生附加应力，使轨道又下降。当车轮行驶至凹陷的终点 B 点时，车轮还具有竖向的振动，造成平顺的轨道产生自由振动。

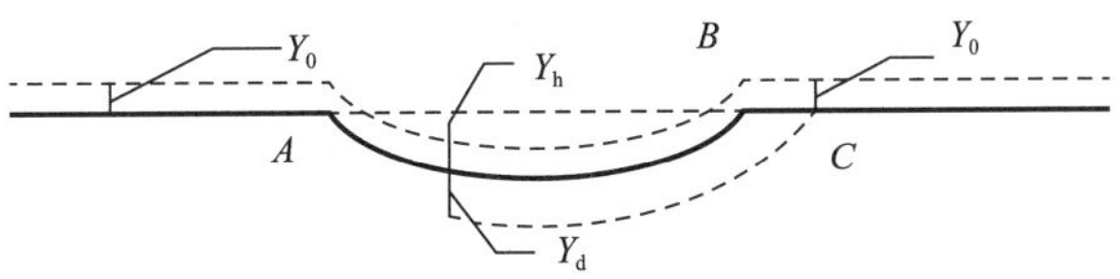

图 12　隧道轨道不平顺示意图

2.1.2　地铁列车的荷载确定

在地铁列车行驶过程中，列车由于轨道不平顺等原因会引起振动，地铁列车的运行速度、铁轨的隔振措施、轨道类型、隧道埋深、列车重量、四周的岩土类型、轨道的平整程度等都会对地铁振动造成影响。国内外学者通常通过以下方法确定列车荷载。

(1) 原位实测法

该法是通过实地观测列车的运行状态，对采集到的数据进行分析得到振源的频率、振幅、分布情况等数据。

(2) 经验拟合确定法

在列车行进过程中，车轮对轨道的作用力分为低、中、高 3 个频率。低频率部分是由车厢主体与车外悬挂物的不协调运动造成，中频部分是由车轮对车轮与轨道之间的接触面回弹作用产生，高频部分是由车轮与轨道之间接触面对车轮的抵抗作用产生。通过这三种频率的结合，建立函数以表示地铁列车的动荷载。

(3) 理论分析法

按照列车的作用方式不同，将荷载分为 4 种，即轮轴荷载、移动荷载、冲击荷载和参数荷载，然后建立系统的概化模型，用数定分析法或解析法，求轨道的响应方程。

2.2　城市高密集区地铁运营土体模型实验

2.2.1　模型实验的相似条件分析

(1) 相似第一定理

相似第一定理体现了模型与原型的物理量之间的关系[40,41]。具体表现为可用相同的方程表示相似现象，且满足以下弹性力学方程组：平衡微分方程（式 2.3）、几何方程（式 2.4）、物理方程（式 2.5）、边界方程（式 2.6）、相容方程（式 2.7）。如下：

$$\left.\begin{aligned}\frac{\Delta\sigma_{x}}{\Delta x}+\frac{\Delta\tau_{yx}}{\Delta y}+f_{x}=0\\ \frac{\Delta\sigma_{y}}{\Delta y}+\frac{\Delta\tau_{xy}}{\Delta x}+f_{y}=0\end{aligned}\right\} \tag{2.3}$$

$$\left.\begin{aligned}\varepsilon_x &= \frac{\Delta u}{\Delta x}\\ \varepsilon_y &= \frac{\Delta \nu}{\Delta y}\\ \gamma_{xy} &= \frac{\Delta \nu}{\Delta x}+\frac{\Delta u}{\Delta y}\end{aligned}\right\} \tag{2.4}$$

$$\left.\begin{aligned}\varepsilon_x &= \frac{1}{E}(\sigma_x-\mu\sigma_y)\\ \varepsilon_y &= \frac{1}{E}(\sigma_y-\mu\sigma_x)\\ \gamma_{xy} &= \frac{2(1+\mu)}{E}\tau_{xy}\end{aligned}\right\} \tag{2.5}$$

$$\left.\begin{aligned}(l\sigma_x+m\tau_{yx})_s &= \bar{f}_x(s)\\ (m\sigma_y+l\tau_{xy})_s &= \bar{f}_y(s)\end{aligned}\right\} \tag{2.6}$$

$$\frac{\Delta^2\varepsilon_x}{\Delta y^2}+\frac{\Delta^2\varepsilon_y}{\Delta x^2}=\frac{\Delta^2\tau_{xy}}{\Delta x\Delta y} \tag{2.7}$$

分别用 n 与 q 表示模型与原型的物理量，用 S 表示相似比，则可以将各个物理量之间的相似比定义为：应力相似比 $D_\sigma=(\sigma_x)_q/(\sigma_x)_n$ ，几何相似比 $D_L=x_q/x_n$ ，位移相似比 $D_\delta=\delta_q/\delta_n$ ，应变相似比 $D_\varepsilon=(\varepsilon_x)_q/(\varepsilon_x)_n$ ，泊松比相似比 $D_\mu=\mu_q/\mu_n$ ，弹性模量相似比 $D_E=E_q/E_n$ ，容重相似比 $D_\gamma=\gamma_q/\gamma_n$ ，边界力相似比 $D_{\bar{x}}=\bar{x}_q/\bar{x}_n$ ，体积力相似比 $D_x=X_q/X_n$ 。将各相似比代入式（2.3）～式（2.7），得各相似比的关系：

$$\left.\begin{aligned}D_\sigma &= D_L\cdot D_x\\ D_\sigma &= D_E\cdot D_\varepsilon\\ D_\mu &= 1\\ D_\varepsilon &= 1\\ D_{\bar{x}} &= D_\sigma\end{aligned}\right\} \tag{2.8}$$

（2）相似第二定理

该定理主要是原型与模型体系中各个物理量关系，并且可用函数来表示，可用某一准则方程来表示，也叫 π 关系式：

$$f_1(\pi_1,\pi_2,\pi_3,\cdots,\pi_n)=0 \tag{2.9}$$

式（2.9）有以下性质：

① 若模型与原型有物理相似的现象，则他们有相同的 π 关系式。

② 在该关系式中的 π 项分自变项与应变项，自变项是由基本物理项所决定，应变项随自变项的改变而改变。

③ 使模型与原型的自变项相等，可通过模型的自变项与应变项之间的关系得到原型的应变项，这些应变项的数据可在实际生产建设中使用。

将各个物理量代入上式中，有：

$$f(\sigma,L,\delta,\varepsilon,\mu,E,X,\bar{x})=0 \tag{2.10}$$

式中，参数总数 q 为 8，基本量纲为 2。

从式（2.10）中选出长度 L 与体积力 X 作为此次基本量纲的物理量，每个量纲必须出现一次，则：

$$\pi_1 = \frac{\sigma}{X^{\mu} \cdot l^{\nu}} = \frac{FL^{-2}}{(FL^{-3})^{\mu}L^{\nu}} \tag{2.11}$$

要使 π_1 成为无量纲，则须满足：$\mu=1$，$\nu=1$，有：

$$\pi_1 = \frac{\sigma}{X \cdot L} \tag{2.12}$$

$$\frac{D_{\sigma}}{D_X \cdot D_L} = 1;\frac{D_E}{D_X \cdot D_L} = 1;\frac{D_X}{D_X \cdot D_L} = 1;\frac{D_{\delta}}{D_L} = 1;D_{\varepsilon} = 1;D_{\mu} = 1 \tag{2.13}$$

（3）相似第三定理

相似第三定理是规定了原型与模型之间所需要满足的相似条件。

第一条件：模型与原型的同一自然现象符合客观存在的规律。

第二条件：模型与原型的某些条件相似，例如：几何条件，材料条件，物理条件，运动条件，边界条件等。

① 几何相似。

几何相似，指的是两个物体在各方面都保持一定的相似比例关系，并且将模型与原型在空间对应的尺寸比例定义为几何相似常数，一般用 C_L 表示，C_L 越大，模型实验就越准确，当 C_L 等于 1 时，模型就退化为原型。

② 材料相似。

材料相似，指的是模型实验用到的材料与实际的材料相同或相近。

③ 物理相似。

物理相似，指的是模型与原型对应的物理量成比例。

④ 运动相似。

运动相似，指的是在原型与模型在相应的点上都受到相同方向的作用，大小成比例，且这些力须符合牛顿第二定律。

⑤ 边界条件相似。

边界条件相似，指的是模型与原型与外界接触的边界情况相似，如外界对边界的约束方式、边界的受力情况等。

2.2.2　相似比的确定

本次模型实验采用的是几何相似比。由于模型实验自身的局限性，在可恢复形变范围内，容重无法做到模型与原型的完全相似，则取容重的相似比。在此基础上，其他物理参数，在可恢复形变内可做到相似，则通过相似准则得各个物理量原型值与模型值的相似比，包括：几何相似比，容重相似比，内摩擦角、应变、泊松比的相似比，黏聚力、应力、强度、弹性模量的相似比，见表 2。

各参数物理量的相似比（原型比模型）　　**表 2**

名称	比例	名称	比例
应力相似比	30∶1	内摩擦角相似比	1∶1
长度相似比	30∶1	弹性模量相似比	30∶1
容重相似比	1∶1	泊松比相似比	1∶1

续表

名称	比例	名称	比例
黏聚力相似比	30∶1	位移相似比	30∶1
应变相似比	1∶1		

2.2.3 工程背景与相似材料

(1) 工程背景

杭州地铁 1 号线是杭州市和浙江省的首条地铁线路，工程于 2007 年 3 月 28 日开工建设，2012 年 11 月 24 日正式运营，下沙延伸段于 2015 年 11 月 24 日建成通车。杭州地铁 1 号线全长 53km，目前已经全线开通。本研究模型实验取杭州地铁 1 号线凤起路站至龙翔桥站的隧道为原型进行实验。原型隧道实际总长约 1.2km，纵向长度取 25m。隧道横截面外径为 7.2m，内径为 6.5m，内衬壁厚为 0.35m，路面到衬砌的深度为 11.25m，图 13 为原型截面的示意图。杭州市地铁 1 号线凤起路站至龙翔桥站区间范围内地层均属于软土地层，随着深度的变化，软土地层的土体性质会发生改变，主要地层有：杂填土、淤泥质粉土等。土体参数如表 3 所示。

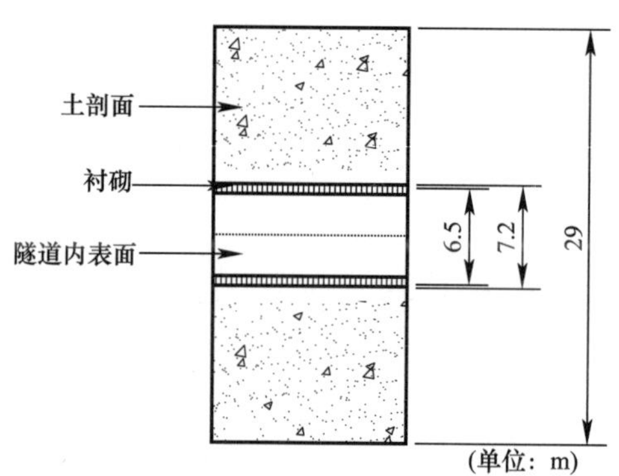

图 13 原型截面示意图

原型土层分布 **表 3**

序号	层号	土层名称	层厚（m）
1	①	杂填土	2～6.2
2	②$_1$	砂质粉土	0～4
3	②$_2$	黏质粉土	0～7
4	③	淤泥质粉土	0～3
5	④$_1$	粉质黏土	2.6～4.5
6	④$_2$	黏土粉土互层	8～11

(2) 相似材料

在模型实验中使用的相似材料一般需要符合以下性质：

① 在小容器中进行实验的过程中，土体的物理性能保持基本稳定，受外界影响较小。

② 土体较易获取，成本较低。

③ 能够通过添加添加剂的方式改变土体性质，使其更加接近实际。

通常模型实验是使用多种物质混合在一起的材料，根据其发挥的作用，一般分为两类：骨料，这种材料一般起支撑作用，性质较稳定，可充当骨料的物质有砂石、黏土、铁粉、木屑等；胶结材料，这种材料一般起粘结作用，可塑性佳，可作为胶结材料的有：水泥、石灰、树脂、石膏、水玻璃等。

可根据模型实验的需要选择合适的材料与配比，另外加入适量的添加剂有助于更好地在模型箱内模拟原材料，如添加适量砂石，可增加材料的弹性模量与强度，加入适量钡粉，可增加材料的容重。

(3) 隧道模拟

杭州市地铁 1 号线凤起路—龙翔桥站隧道衬砌材料是 C50 混凝土，本次模型实验采用的是有机玻璃，模型与原型的具体参数如表 4 所示。

模型与隧道材料参数 **表 4**

材料类别	物质	外径（m）	厚度	容重（kN/m³）	弹性模量（MPa）	泊松比
原型	C50 混凝土	9.5	0.35	25	3.45×10^4	0.167
模型	有机玻璃	0.3	0.01	1.2	2.8×10^4	0.393

2.2.4 模型制作

软土地基在地表密集区建筑荷载与地铁运营车辆振动荷载共同作用下会发生形变，进而产生破坏。这种破坏与两方面的因素有关：①与土体本身的物理性质有关，包括孔隙比、含水量、内摩擦角；②与外荷载有关，包括作用形式、荷载大小、加载快慢。本次模型实验采用的土体采自杭州地铁 1 号线龙翔桥施工段工地，其土体的物理性质与实际生产建设中的土体一致，主要参数设置如下：

① 本次实验的深度为 30m。

② 地面以下 6m 为粉质土与杂填土。

③ 地铁隧道在路面以下 10m 处。

④ 6～30m 均为黏土。

⑤ 我国一级公路的行车道路为 2m×7.5m。

实验的模型比例设定为 $N=30$，即几何相似常数 C_l 也为 30，按照 1∶30 建立模型箱。模型箱的有效尺寸（长×宽×高）为 85cm×47cm×95cm，并在前后两面的中间位置开一个直径为 30cm 的洞，另外制作一个外径为 32cm，内径 30cm，长度为 47cm 的圆柱体作为隧道模型，且管壁四周有均匀分布的小孔，如图 14 所示。

模型箱的有机玻璃厚度为 10mm，且顶面不封顶，如图 15 所示。

模型实验采用的土体是原型土体，所以其孔隙比、含水量、内摩擦角的相似比都为 1。

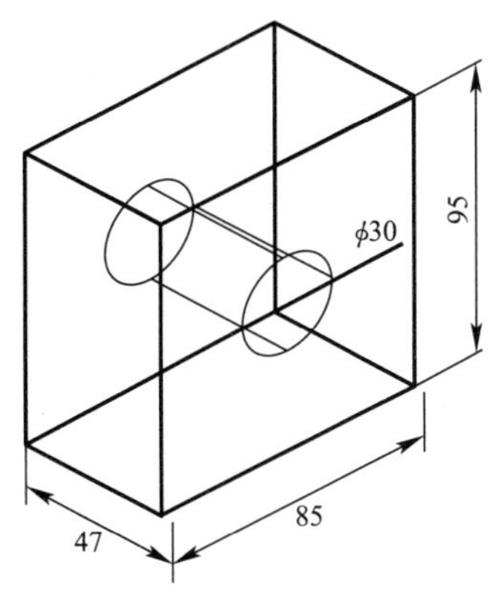

图 14 模型三维图

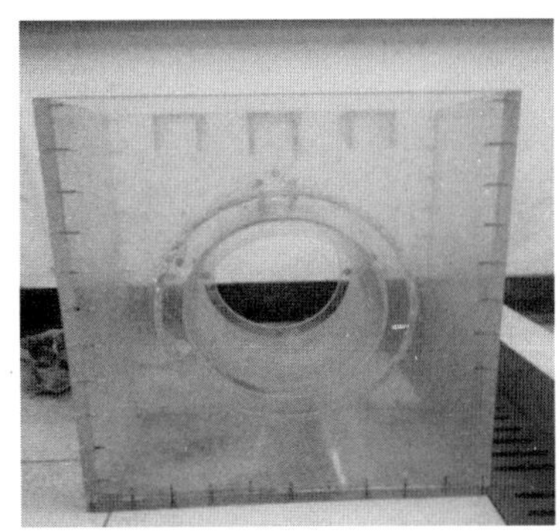

图 15 模型箱实物图

由纲量分析，可知 $C_q=C_l \cdot C_\gamma$，又因为 $C_q=q_p/q_m$，因此，模型实验的软土自重也应该缩小 30 倍，故模型实验使用的软土若来自原型会产生些许偏差，但这并不影响得到正确结论。因此，不考虑土的自重，只考虑模型上受到的荷载与原型受到的荷载相同。

因为采用的软土与实际建设中的软土相同，所以发生破坏所需要的荷载也是相同的。设模型实验的模型箱里软土宽度为 B，现实中的软土宽度为 nB，设作用相同的荷载记为 q，软土的黏聚力记为 c，软土产生的沉降记作 S_m、S_p，若土的模量 E 沿竖直方向保持不变，则有 $s_m=\frac{cq}{E}B$，$s_p=\frac{cq}{E}nB$，得软土的沉降形变的相似常数 $C_s=\frac{C_q}{C_E}\cdot C_L=C_L=30$。

2.2.5 加载方式与测试设备

（1）实验设备选型

为了合理模拟地铁运营形成的振动荷载，模型实验使用的是激振器。激振器可以附着在某个物体上，使物体获得一个特定形式和振幅的激振力，其本身也可作为振动的部分可以帮助进行物料的筛分、运输等工作。激振器的优点包括：

① 体积较小，重量轻，可将其作为小型振动台。

② 输出的频率范围较大，出力效率高。

③ 结构合理，可靠性高。

④ 可以输出特定的频率。

考虑模型实验中隧道的尺寸与激振器的尺寸，使用的激振器型号为 JZ-2 型激振器。其最大输出力是 10N，工作频率是 5～4000Hz，最大位移±2mm，最大空载加速度 34g，最大电流 2A，尺寸 ϕ50mm×105mm，重量是 2kg，线圈电阻是 2Ω。因为受到条件限制，本次实验采用砝码来模拟地面建筑荷载。

模型实验使用的位移计为 YHD-100 型位移计，量程是 100mm，分辨力为 0.01m，测量力小于 1.5N，适用的温度范围是 0～40℃，如图 16 所示。

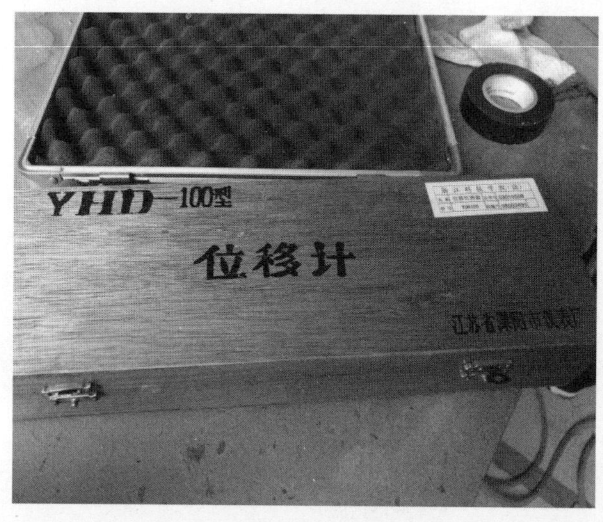

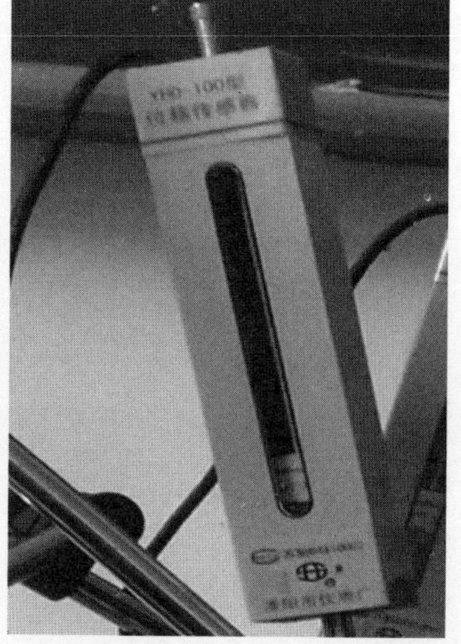

图 16　位移计实物图

（2）加载方式与设备

地表荷载的模拟方式是用砝码进行模拟，使用人工手动激振代替地铁运营振动激振。实验过程中，隧道内加载 7 个 2.55kg 和 3 个 2.54kg 总重约为 25.5kg 的砝码以模拟地铁自重和轨道自重荷载，砝码下垫一块 14cm×28cm 的铁片，铁片的尺寸由列车模型按照比例缩小得到，并在砝码与铁片之间垫两块半圆形的石柱来模拟汽车的车轮形成的荷载，具体位置如图 17 所示。

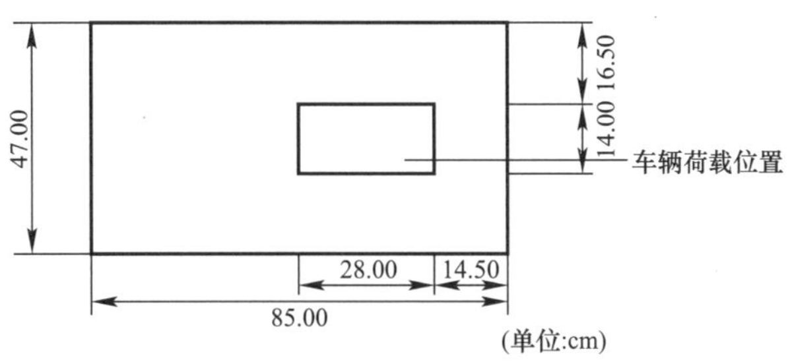

图 17　车辆荷载放置位置

为了模拟地铁运营形成的振动，实验中采用的仪器为 JZ-2 型激振器，并配备信号发生器和功率放大器。由于地铁运营造成的振动高频部分衰减较快，造成土体、岩石与地表振动的主要为低频振动（2.5～20Hz）。因此，在模型实验中，将激振器额定频率设置为 10Hz。

（3）监测设备

实验需要测量的数据有土体表面的土体沉降。土体表面的软土沉降由 YHD-100 型位移计加表座配合 DH3815N 应变适调器测定，位移计如图 18 所示，表座如图 19 所示，应变适调器如图 20 所示。

沉降观测点如图 21 所示，共需 4 个位移计和 4 个表座。

应变仪另一端与电脑连接，电脑采用应用程序 DH3815N 静态应变测试系统进行数据采集，软件实现监测的技术流程（图 22）为：

图 18　位移计实物图

图 19　表座实物图

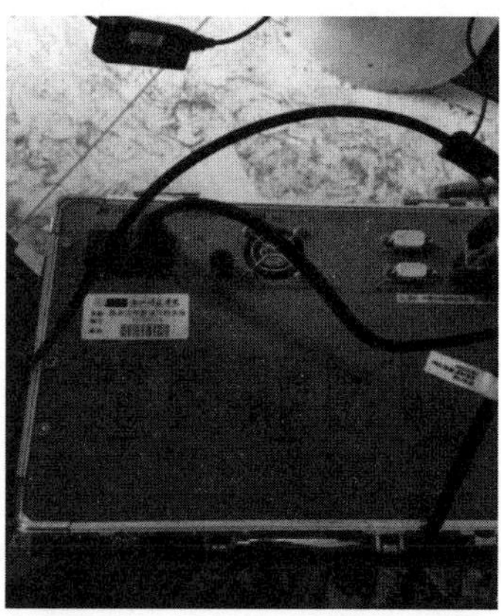

图 20　应变适调器

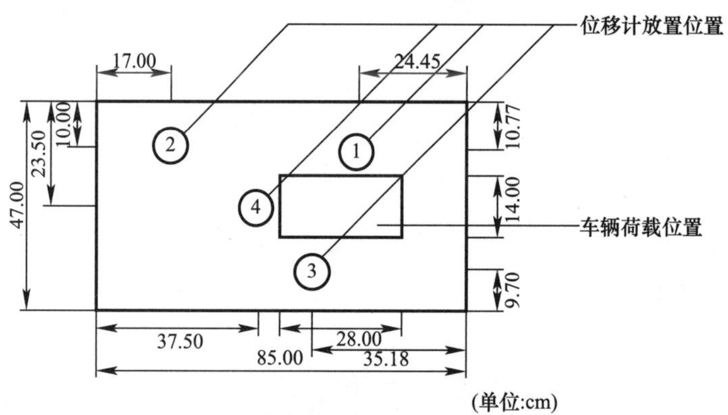

图 21　位移计位置示意图

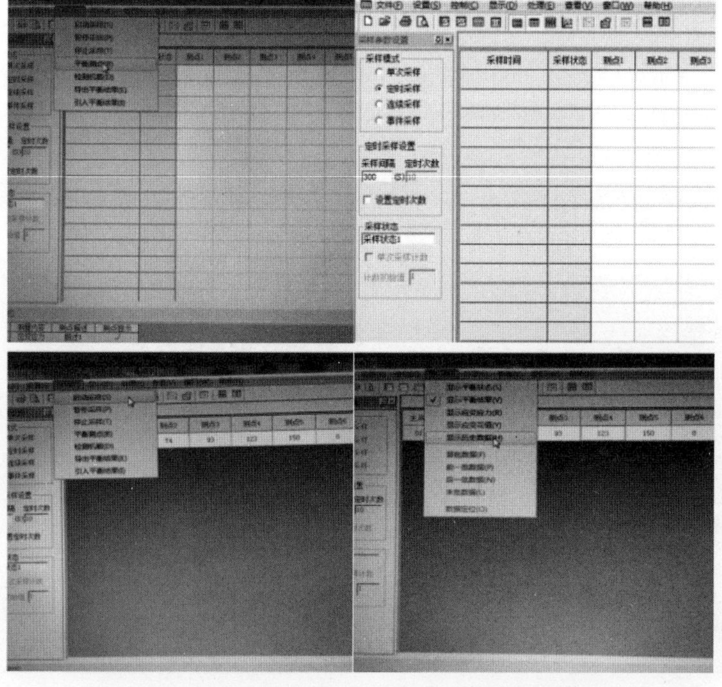

图 22　DH3815N 静态应变测试系统数据采集流程

① 平衡测点。

② 显示平衡结果，确定是否平衡。

③ 在定时中选择采样模式和采样设置。

④ 启动采样，显示历史数据。

⑤ 待一段时间沉降不明显时停止采样，更改采样模式后重新开始采样。

2.2.6 模型实验方案

在模型实验中，由于实验是在模型箱内进行，当软土与侧壁发生相对位移时，就会有摩擦力产生。在实验过程中，软土被模型箱约束，存在边界效应，由于侧壁对软土的摩擦影响范围较小，为了减轻边界效应的影响，在侧壁上涂上机油。

软土的沉降发生与两个方面有关：①与外荷载有关。即交通荷载与地铁运营共同作用下发生的沉降；②与软土自重有关。软土在自身重力影响下也会发生一定量的沉降。

模型实验的主要研究对象为来自杭州地铁 1 号线龙翔桥站地铁施工工地的软土，其符合作为模型实验用土要求。实验的目的在于分析软土在地表荷载与地铁运营共同作用下的软土沉降特性，包括软土沉降的方向、沉降发生的速率等，且实验不考虑软土自重引起的沉降。

数据测量方法：首先将位移计固定在表座上，接着将表头对准观测点向下用力，使探头缩进内部，然后调整表座，固定位移计的位置使其探头不会弹出，最后在应变仪中将数据清零，当土体发生沉降的时候，应变仪上会显示沉降的数值。

（1）准备工作

购买所需的物品，现场取样，准备 32 位系统电脑一台、4 个位移计、4 个表座、导线、应变仪、砝码若干、激振器等，并在模型箱的内壁均匀的涂好机油。

（2）填土与压实

① 将软土分层放入模型箱内，压实，静置 24h。

② 每隔 15min 或 10min 激振器振动一次。

③ 位移计的放置按照设计放置埋好。

④ 加载，将砝码放置在对应的位置。

⑤ 其他条件不变，依次改变一种条件再进行实验，并记录数据。

⑥ 卸载，打扫实验室。

（3）实验过程

① 模型箱内壁抹油。

在做模型实验之前需把模型箱的内壁清理干净，并涂上一层机油。

② 土体物理性质测定。

在模型实验中，需要对土体的物理性质进行测定。测定的地点在×学院土工实验室，主要测定的土体性质有：含水量、重度、比重、压缩模量、颗粒组成。

土的含水率是指在土体中的水与干土的质量比。测定含水量的方法一般有 3 种：①烘干法。这种方法是测定土的含水率的标准方法，适用于黏性土的含水率测定；②酒精燃烧法。这是一种快速测定含水率的方法，适用于野外测定含水率；③比重法。适用于砂土，需用到的仪器有烘箱、分度值为 0.01g 的天平。

实验中用到的烘箱是富利达实验仪器厂制造的恒温干燥箱，如图 23 所示。

图 23　烘箱

称取黏土 29.8g，将其放入烘箱内（图 24），将土块完全烘干后取出，如图 25 所示。

图 24　放土入烘箱

图 25　土块完全烘干后

测得土块的干重是 22.7g，则其内部的水有 7.1g，则含水率为 7.1/22.7=31.3%；取改变条件后的砂土 25.5g，其内部有水 4.6g，其含水率为 22%。土的物理性质见表 5。

实验用土物理性质　　**表 5**

压缩模量	液限	塑限	黏聚力	含水量	容重
3.36MPa	40.30%	23.40%	19.0kPa	38.20%	18.62kN/m^3

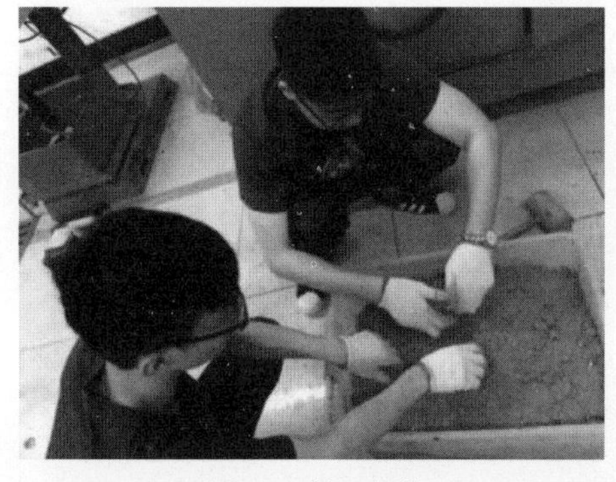

图 26　粉土松软

填土的方式为分层压实填土，每一层土填完，须压实。先填底层的淤泥质土，填 20cm 厚。由于部分粉土过于坚硬和干燥，人工将其松软，如图 26 所示。将淤泥质土压实后继续填粉质土，将其分为两次填土压实，粉质土压实后的效果如图 27 所示。

第二层粉土压实之后，最后再铺上一层软土（图 28），填土土层情况如图 29 所示。

图 27 第二次粉质土压实

图 28 顶层软土压实图

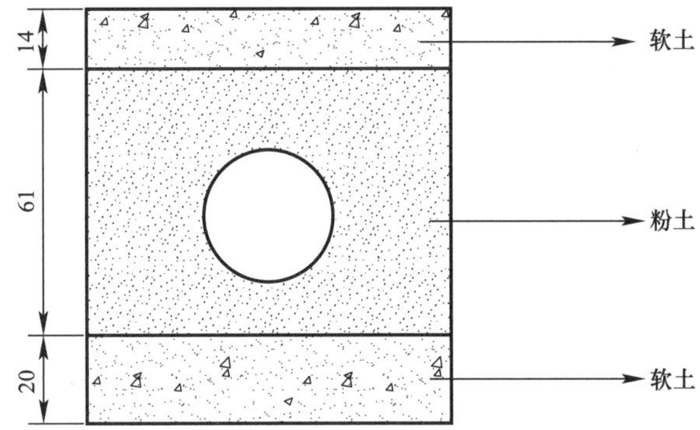

图 29 填土土层示意图

一节地铁车厢的空载重量约 38t，杭州市地铁 1 号线使用的是 B 型车厢，长 19m。实验中利用 7 个 2.55kg、3 个 2.54kg 的砝码、2.5kg 的木板、自重为 2kg 的激振器以模拟列车振动荷载，则模型实验选用的静载为 30kg。车辆荷载和应变仪的摆放位置如图 30 所示。

应变适调器与电脑、应变仪连接如图 31 所示。

图 30 车辆荷载和应变仪的摆放

图 31 应变适调器与电脑和应变仪连接

2.2.7 模型实验结果分析

（1）常规条件下地面沉降监测

常规条件指土体含水率为40%，地铁运营振动荷载25.5kg，振动频率为15min。模型实验分两阶段进行数据记录，第一阶段实验时间为5h，数据每隔15min采集一次，第二阶段实验时间为11h，数据每30min采集一次。4个监测点监测到的地面沉降值如图32所示。

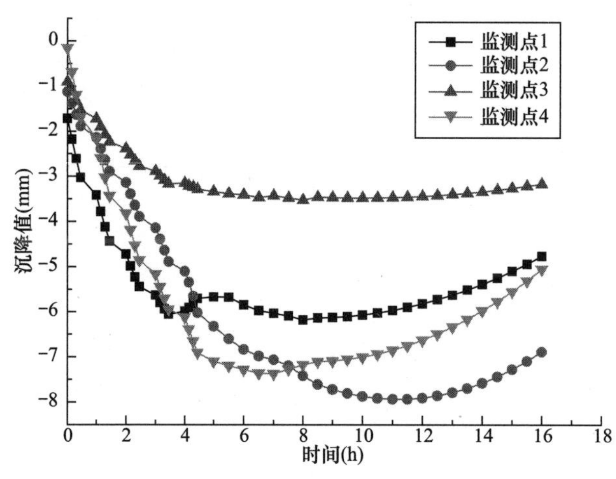

图32 常规条件下地面沉降值

由图32可知，监测点1的地面沉降最大值为6.18mm，最小值为1.71mm，平均沉降值为5.22mm；监测点2的地面沉降最大值为7.93mm，最小值为1.12mm，平均沉降值为5.60mm；监测点3的地面沉降最大值为3.52mm，最小值为0.90mm，平均沉降值为2.94mm；监测点4的地面沉降最大值为7.37mm，最小值为0.16mm，平均沉降值为5.43mm。在地表建筑物密集分布荷载下，4个监测点的地面沉降曲线均随时间呈缓慢增长而慢慢趋于稳定的规律，地面密集建筑群和地铁振动荷载叠加下造成的地面沉降以距地面建筑物1.5倍基础宽度范围内的地面沉降值为最大，表明列车振动引起的累计沉降（含主固结沉降）主要发生在地铁隧道竣工运营后的一段时间，说明地铁运营前的一段时间是地铁沉降控制的关键时期。

（2）高含水率下地面沉降监测

高含水率指土体含水率为50%，研究高土体含水率对地面沉降的影响。4个监测点监测到的地面沉降值如图33所示。

由图33可知，监测点1的地面沉降最大值为8.18mm，最小值为1.14mm，平均沉降值为6.85mm；监测点2的地面沉降最大值为9.84mm，最小值为1.17mm，平均沉降值为7.39mm；监测点3的地面沉降最大值为6.52mm，最小值为0.95mm，平均沉降值为5.55mm；监测点4的地面沉降最大值为10.4mm，最小值为0.62mm，平均沉降值为7.91mm。4个监测点的沉降曲线均随时间呈缓慢增长而慢慢趋于稳定的趋势，其中监测点4的累计地面沉降值最大，监测点3的累计地面沉降值最小，表明地面密集建筑群和地铁振动荷载叠加下造成的地面沉降以距地面建筑物1.5倍基础宽度范围内的地面沉降值为最大。

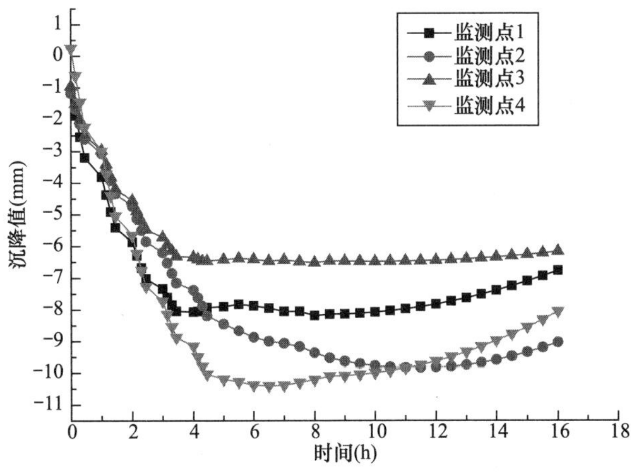

图 33 高含水率下地面沉降值

(3) 高振动荷载下地面沉降监测

高振动荷载指地铁运营荷载为 40kg，高振动荷载下地面沉降的监测值如图 34 所示。

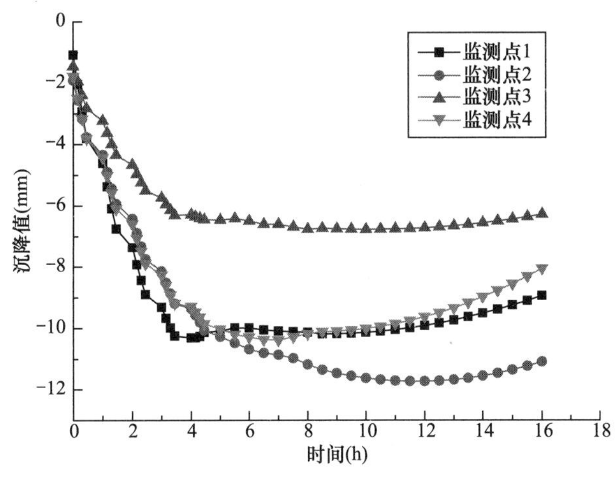

图 34 高振动荷载下地面沉降值

由图 34 可知，监测点 1 的地面沉降最大值为 10.30mm，最小值为 1.07mm，平均沉降值为 8.65mm；监测点 2 的地面沉降最大值为 11.72mm，最小值为 1.91mm，平均沉降值为 9.15mm；监测点 3 的地面沉降最大值为 6.76mm，最小值为 1.45mm，平均沉降值为 5.72mm；监测点 4 的地面沉降最大值为 10.37mm，最小值为 1.78mm，平均沉降值为 8.29mm。4 个监测点的沉降曲线均随时间呈缓慢增长而慢慢趋于稳定的趋势，其中监测点 2 的累计地面沉降值最大，监测点 3 的累计地面沉降值最小，表明地面密集建筑群和地铁振动荷载叠加下造成的地面沉降以距地面建筑物 1.5 倍基础宽度范围内的地面沉降值为最大。

(4) 高振动频率下地面沉降监测

高振动频率指地铁运营时间为每 10min 运营一趟，振动频率采用 10min。高振动频率下地面沉降监测值如图 35 所示。

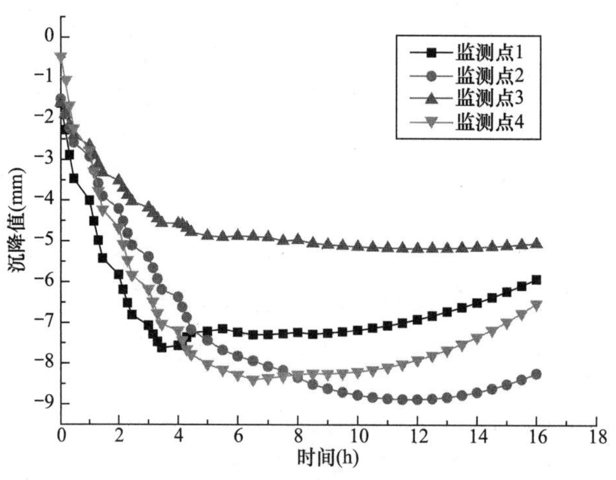

图 35　高振动频率下地面沉降值

由图 35 可知，监测点 1 的地面沉降最大值为 7.62mm，最小值为 1.62mm，平均沉降值为 6.34mm；监测点 2 的地面沉降最大值为 8.88mm，最小值为 1.52mm，平均沉降值为 6.63mm；监测点 3 的地面沉降最大值为 5.17mm，最小值为 1.62mm，平均沉降值为 4.37mm；监测点 4 的地面沉降最大值为 8.39mm，最小值为 0.48mm，平均沉降值为 6.46mm。4 个监测点的沉降曲线均随时间呈缓慢增长而慢慢趋于稳定的趋势，其中监测点 2 的累计地面沉降值最大，监测点 3 的累计地面沉降值最小，表明地面密集建筑群和地铁振动荷载叠加下造成的地面沉降以距地面建筑物 1.5 倍基础宽度范围内的地面沉降值为最大。

3 基于 DInSAR 技术的地面长期沉降监测方法研究

3.1 DInSAR 技术的基本理论

3.1.1 基于 ENVI-SARscape 的 DInSAR 处理平台概述

(1) ENVI 概述

ENVI (The Environment for Visualizing Images) 和 IDL (Interactive Data Language) 是美国 ExelisVIS 公司的旗舰产品[42]。ENVI 是由遥感领域的科学家采用 IDL 开发的一套功能强大的遥感图像处理软件。

ENVI 覆盖了图像数据的输入/输出、定标、几何校正、正射校正、图像融合、镶嵌、裁剪、图像增强、图像解译、图像分类、基于知识的决策树分类、面向对象图像分类、动态监测、矢量处理、DEM 提取及地形分析、雷达数据处理、制图、三维场景构建、与 GIS 的整合，能导入 GPS 坐标点，提供了专业可靠的波谱分析工具和高光谱分析工具。

ENVI 可以快速、便捷、准确地从遥感影像中获得您所需的信息；提供先进的、人性化的使用工具来方便用户读取、探测、准备、分析和共享影像中的信息。

ENVI 是以模块化的方式提供给用户的，对于系统的扩展功能采用开放的体系结构以 ENVI RT、ENVI+IDL 的形式为用户提供了两种环境的产品架构。可扩充模块：大气校正模块、面向对象空间特征提取模块、立体像对高程提取模块、正射校正扩展模块、LiDAR 数据处理和分析模块、NITF 图像处理扩展模块。还有架构在 ENVI 之上的两个专业软件：高级雷达图像处理软件 (SARscape)、在线图像分析软件 (ENVIFor ArcGIS Server)。

(2) SARscape 概述

SARscape 由 sarmap 公司研发，是国际知名的雷达图像处理软件。该软件架构于专业的 ENVI 遥感图像处理软件之上，提供图形化操作界面，具有专业雷达图像处理和分析功能。SAR 数据可以全天候对研究区域进行量测、分析，以及获取目标信息。

SARscape 提供完整的 SAR 数据处理功能，全面支持 4 种模式的数据：雷达强度图像处理 (SAR IntensityImage)、雷达干涉测量 (InSAR/DInSAR)、极化雷达处理 (PolSAR) 和极化雷达干涉测量 (PolInSAR)。能轻松地将原始 SAR 数据进行处理和分析，输出 SAR 图像产品、数字高程模型 (DEM) 和地表形变图等信息，并可以将提取的信息与光学遥感数据、地理信息集成在一起，全面提升 SAR 数据应用价值。

SARscape 由以下模块组成：

① SARscape 核心模块 (BASIC&InSAR Bundle)。提供完整的雷达处理功能，包括基本 SAR 数据的数据导入、多视、几何校正、辐射校正、去噪、地理编码、RAW 数据镶嵌、线状地物探测、特征提取等一系列基本处理功能；支持 InSAR 和多个通道 DInSAR

处理，生成干涉图像、相干性计算、地面断层图、DEM 等。包括基线估算、干涉图生成、干涉图去平、相干生成、相位解缠、轨道精炼、大气校正、形变模型等。

② 聚焦扩展模块（Focusing Module）。采用经过优化的聚焦算法，能够充分利用处理器的性能实现数据快速聚焦处理，支持聚焦前对 RAW 数据的镶嵌，直接输出 SLC 数据。

③ 滤波扩展模块（Filter Module）。提供基于 Gamma/Gaussian 分布式模型的滤波核，能够最大限度地去除斑点噪声，同时保留雷达图像的纹理属性和空间分辨率信息。

④ 扫描式干涉雷达处理扩展模块（ScanSAR Interferometry Module）。支持 ASAR 扫描模式数据的干涉处理。

⑤ 极化雷达处理扩展模块（Polarimetery&PolInSAR Module）。对极化 SAR 和极化干涉 SAR 数据的处理。

⑥ 干涉叠加扩展模块（Interferometry Stacking Module）。提供永久散射体（PS）方法和短基线集（SBAS）的方法，可进行多时相雷达数据的干涉分析，获取毫米级的形变信息。

SARscape 完全支持 PC 机的 Windows2000/XP/ Vista/7 操作系统，以及 Linux 平台。软件广泛应用于地形数据（DEM）提取、地表沉降监测、滑坡/冰川移动监测、目标识别与跟踪、原油泄漏跟踪、作物生长跟踪、农作物产量评估，以及洪水、火灾和地震的灾害评估等领域。

3.1.2 DInSAR 与 InSAR 的关系

合成孔径雷达干涉测量技术（InSAR）是以同一地区的两张 SAR 图像为基本处理数据，通过求取两幅 SAR 图像的相位差，获取干涉图像，然后经相位解缠，从干涉条纹中获取地形高程数据的空间对地观测技术。

在 InSAR 技术的基础上，如果重复进行干涉成像或结合已有的精细 DEM 数据来消除干涉图中地形因素的影响，可以检测出地表的微小形变，这是 DInSAR 的技术基础。

差分干涉雷达测量技术（DInSAR）是指利用同一地区的两幅干涉图像，其中一幅是通过形变事件前的两幅 SAR 获取的干涉图像，另一幅是通过形变事件前后两幅 SAR 图像获取的干涉图像，然后通过两幅干涉图差分处理（除去地球曲面、地形起伏影响）或结合已有的 DEM 数据来消除干涉图中地形因素的影响，来获取地表微量形变的测量技术。

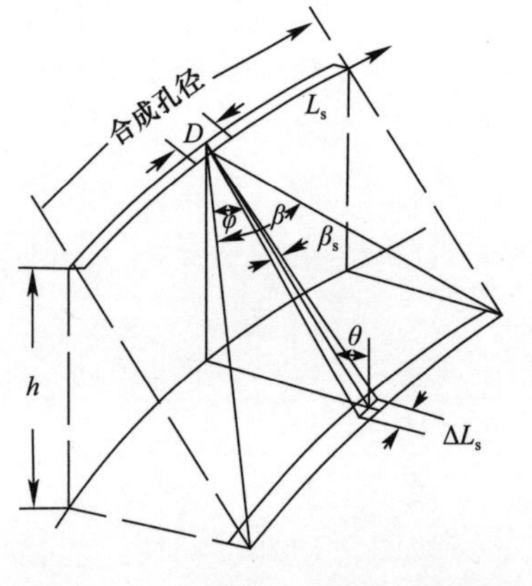

图 36 方位向分辨率示意图

3.1.3 DInSAR 的基本理论

（1）距离分辨率-Range

侧视方向上的分辨率称为距离分辨率。

（2）方位分辨率-Azimuth

沿航线方向上的分辨率，也称沿迹分辨率，如图 36 所示。

（3）波长-Wavelength

雷达遥感使用的微波部分的电磁频谱，频率从 0.3～300GHz 的，在波长方面，从 1m 到 1mm。

常用的波长如下：

P-band＝～65cm AIRSAR；

L-band＝～23cm JERS-1 SAR，ALOS PALSAR；

S-band＝～10cm Almaz-1；

C-band＝～5cm ERS-1/2 SAR，RADARSAT-1/2，ENVISAT ASAR，RISAT-1；

X-band＝～3cm TerraSAR-X-1，COSMO-SkyMed；

K-band＝～1.2cm 军事领域。

波长越长穿透能力就越强，如波长大于 2cm 的雷达系统不会受到云的影响。以下为几个雷达频率的应用：

冰雪识别，小型特征，使用 X-band。

地质制图，大型特征，使用 L-band。

叶面渗透，最好使用低频率，如 P-band。

一般情况，C-band 是折中波段。

（4）极化-Polarization

极化指的是雷达波束相对于地球表面的方向。无论哪个波长，雷达信号可以传送水平（H）或者垂直（V）电场矢量。接收水平（H）或者垂直（V）或者两者的返回信号。返回同极化（HH 或者 VV）信号的基本物理过程类似准镜面反射，比如，平静的水面显示黑色。交叉极化（HV 或者 VH）一般返回的信号较弱，常受不同反射源影响，如粗糙表面。极化方式示意图如图 37 所示。

（5）入射角-Incidence Angle

入射角也叫视角，入射角是雷达波束与垂直表面直线之间的夹角。微波与表面的相互作用是非常复杂的，不同的角度区域会产生不同的反射（图 38）。低入射角通常返回较强的信号，随着入射角增加，返回信号逐渐减弱。根据雷达距离地表高度的情况，入射角会随着近距离到远距离的改变而改变，依次影响成像几何。

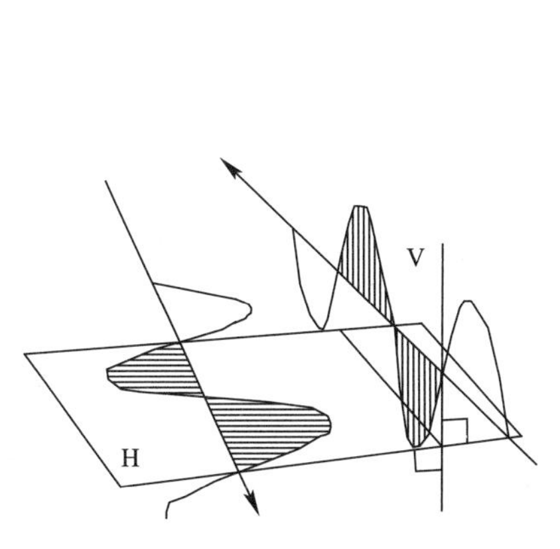

图 37　极化方式示意图

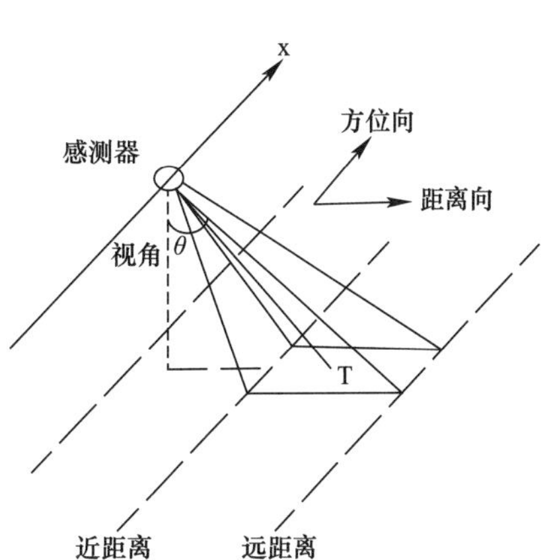

图 38　SAR 入射角示意图

(6) 接受模式

SAR 数据主要有 3 种接受模式：Stripmap，ScanSAR 和 Spotlight。

① 条带模式-Stripmap。

当运行 Stripmap SAR 时，雷达天线可以灵活地调整，改变入射角以获取不同的成像宽幅（图 39）。最新的 SAR 系统都具有这种成像模式，包括 RADARSAT-1/2，ENVISAT ASAR，ALOSPALSAR，TerraSAR-X-1，COSMOSkyMed 和 RISAT-1。

② 扫描模式-ScanSAR。

共享多个独立 sub-swaths 的操作时间，最后获取一个完整的图像覆盖区域（图 40）。

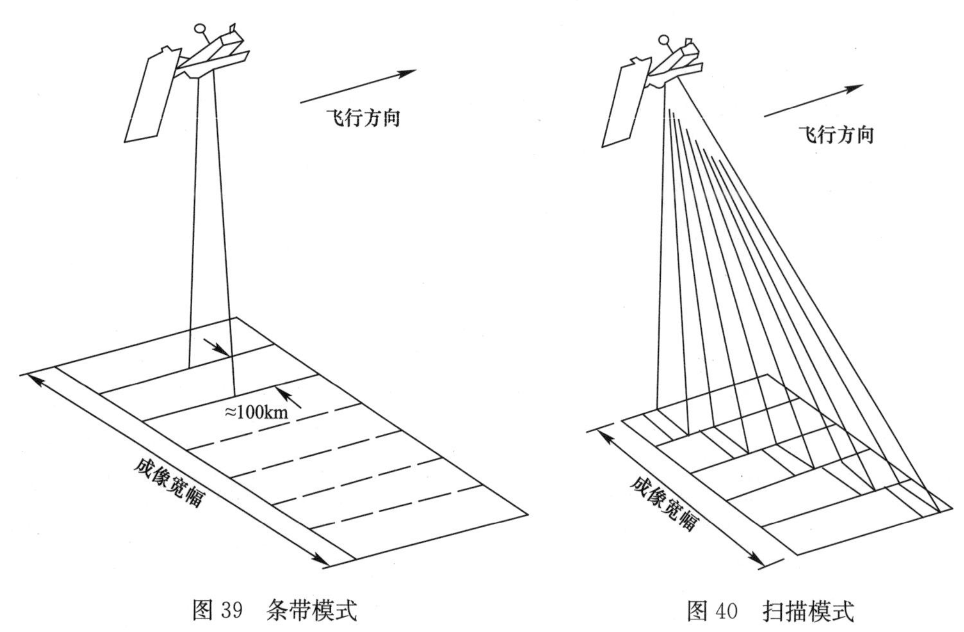

图 39　条带模式　　　　图 40　扫描模式

③ 聚束模式-Spotlight。

当执行聚束模式采集数据时，传感器控制天线不停向成像区域发射微波束（图 41）。它与条带模式主要区别为：在使用相同物理天线时，聚束模式提供更好的方位分辨率；在可能成像的一个区域内，聚束模式在单通道上提供更多的视角，聚束模式可以更有效地获取多个小区域。

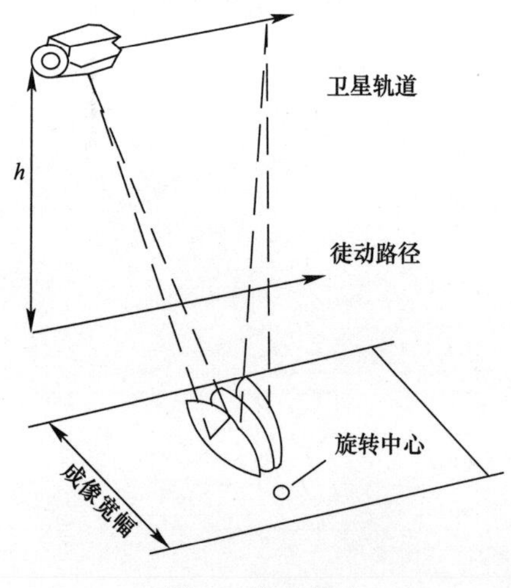

图 41　聚束模式

(7) 散射机制

雷达图像表示的是地面雷达后续散射的估算值，比如，高亮区域表示高后向散射。图上高亮要素意味着很大部分的雷达能量反射回雷达系统中。

对于特定波长，一个目标区域的后向散射会受很多条件影响，如散射体的物理大小、目标的导电特性、水分含量等。主要可分为 5 种散射：表面和体散射、双回波、组合散射、渗透散射和介电属性散射。

① 表面和体散射。

粗糙的表面能得到更高的后向散射，平整表面在雷达图像上经常表现暗区域，在大多数波长范围内的雷达系统，植被表现中规中矩（图 42)。

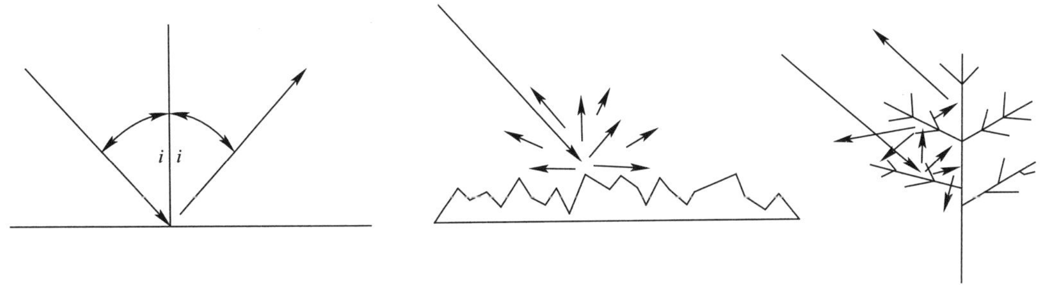

图 42 表面散射和体散射

② 双回波。

双回波散射如图 43 所示。

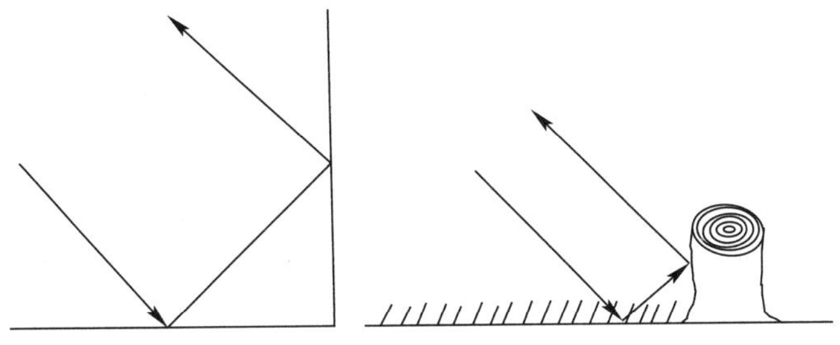

图 43 双回波散射

③ 组合散射。

一般发生在低频 SAR 系统（如 L、P 波段)，包括表面、体散射、双回波等（图 44)。

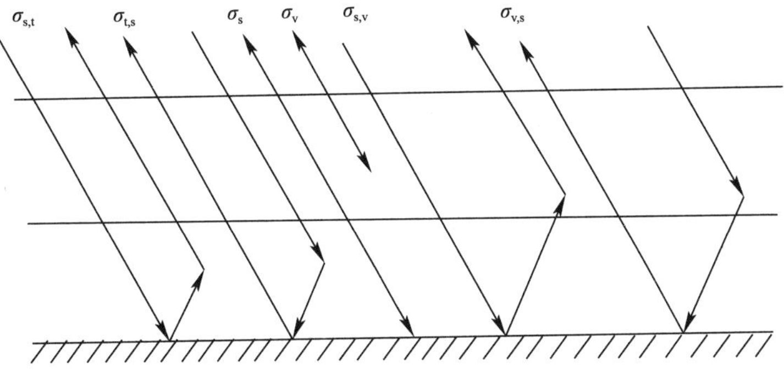

图 44 森林的组合散射（上—林冠层，中—树干层，下—地面层）

渗透散射，主要是根据极化方式和波长情况，微波可以透入植被、裸土。一般情况，波长越长，渗透能力越强。交叉极化（VH/HV）相比同极化（HH/VV）的渗透能力弱。

介电属性，其目标的介电属性也影响雷达的后向散射。如金属和水的介电常数很好

(80)，而大多数其他材料的介电常数相对较低；在干燥条件下，介电常数一般是 3～8，湿润的土壤或植物表面可以产生雷达信号的反射率显著增加。

基于这种现象，SAR 系统也可用于检索土壤水分。主要原理是基于干土和湿土的介电属性之间的反差。由于土壤浸湿，饱和 25～30 时，其介电常数变化约 2.5。这相当于增加反射能量。因此，从后向散射系数中检测土壤水分是可行的，为了区分土壤粗糙度和湿度之间的影响，常使用特定极化和双频率（C，L 波段）的 SAR 传感器。

（8）斑点

斑点是与噪声类似的影像特征，由雷达或者激光等连贯系统所产生的（注：太阳辐射是不连贯的）。因地物或者地物表面对雷达或者激光等电磁波后向反射的干扰，斑点在影像上呈现出随机分布的特点。

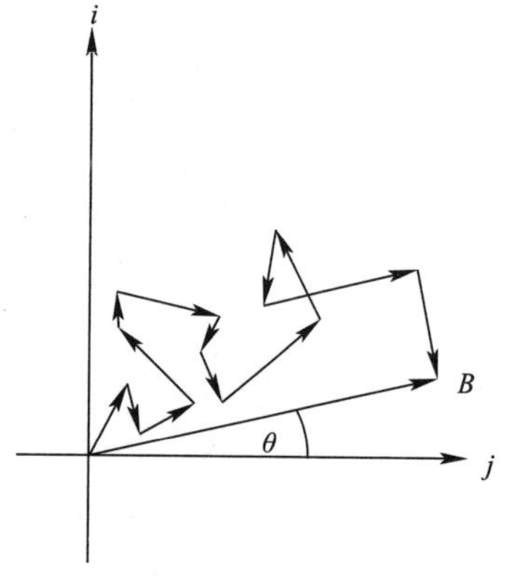

图 45　随机漫反射

雷达照射时，每个地面目标的后向散射能量都随着相位和照射功率的变化而变化，这些变化表现在影像就是一个个的零散的点，这些零散的点被连贯性地收集起来，被称作随机漫反射，如图 45 所示。

这些收集起来的零散的点的值可以高，也可以低，这取决于干涉的类型。这些统计性的值的高低波动（或者方差），或者不确定性，与 SAR 影像上每个像素点的亮度值有关。

当将 SAR 信号转化为实际的影像时，经过聚焦处理，通常会用到多视处理（非相干平均）。此时，实际 SAR 影像中依然存在着的斑点噪声可以通过自适应图像修复技术（斑点滤波）进一步减少。值得注意的是，与系统噪声不同，斑点是真实的电磁测量值，在干涉测量雷达（InSAR）等技术中通常会被用到。

斑点模型与去斑过滤原理：一个被广泛使用的成熟的斑点模型如下，随机过程 F 中的斑点强度值是按照乘法衰减的：

$$I = R \cdot F \tag{3.1}$$

式中，I 是测得的强度值（观测的斑点反射值）；R 是随机的雷达反射值（非斑点反射值）。

斑点过滤的第一步是检查斑点是否完全分布在所关注的像素附近。如果是，基于一些区域的统计数据和有关场景的先验知识，雷达反射值就通过与测得强度值之间的方程估算。

好的斑点去除效果需要使用较大的影像处理窗口，这会纳入较大范围的影像，从而降低了影像的空间分辨率。相反，如果想保持较高的空间分辨率，就需要使用较小的影像处理窗口，以免模糊了纹理或者结构特征等细微的影像细节。

在高分辨率影像上，斑点可能会集中分布在某些区域（如城市），此时有一小部分值比较大的斑点分布在影像上。在一个孤立的点目标的极端情况下，雷达后向反射值的强度波动取决于某个具体的模型，而这个模型不受去斑处理的影响。在这些情况下，较小的影像处理窗口更加适用。因此，一个斑点去除滤波既要达到斑点去除的效果（辐射分辨率），又要兼顾影像细节特征的保存（空间分辨率）。

在高分辨率影像上，斑点并不都分布在整幅影像上，因此基于具体场景和滤波模型的自适应滤波最适合于高空间分辨率 SAR 影像。一般来说，这种自适应滤波都是区域系数变化的函数，可以通过固定一个最小值得到以达到更好的斑点平滑效果，或者限定一个最大值以保留纹理和点目标信息。

这个变异系数（如平均值/标准差）是影像处理窗口内各像元的斑点异质性的良好指标。只有在处理各向同性（均值）的影像纹理特征，和各向异性纹理特征通过比例设置得到协助的时候才能有较好的适用性。

增强型斑点滤波的变异系数可以用几何探测器辅助获取，比例检波器可用于线性边缘和孤立的散射体探测。

（9）数据类型

数据类型包括单视复数（Single Look Complex-SLC）、振幅（Amplitude）、强度（Intensity）数据。

SAR 数据是由实部和虚部（复杂的数据）组成，如图 46 所示的同相和正交通道。

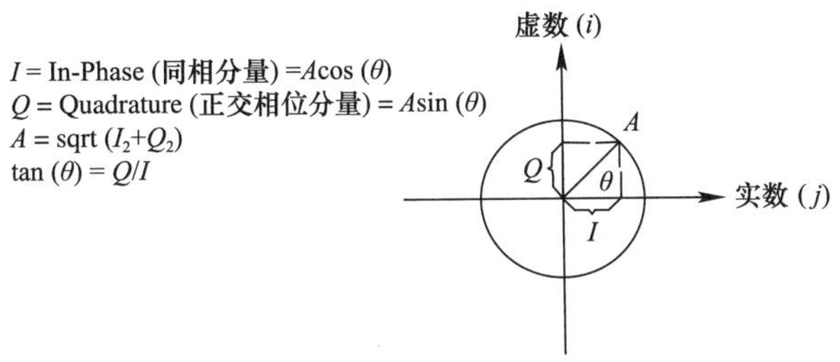

图 46　同相和正交通道（In-Phase and Quadrature）

强度数据，是指 SAR 数据（经过聚焦处理）经常进行多视处理，多视得到的强度图像是距离向和/或方位向像元分辨率的平均值，因此多视也称为非相关平均。

一个 L-look 图像（L 是视数）本质上是 L-look 的指数分布，如图 47 所示。

（10）成像几何

由于合成孔径雷达图像数据在距离向和方位向方面具有完全不同的几何特征，可以考虑将其成像几何特征分离开来理解。根据成像几何特征的定义，在距离向的变形比较大，主要是由地形变化造成的，在方位向的变形则更小但更为复杂。

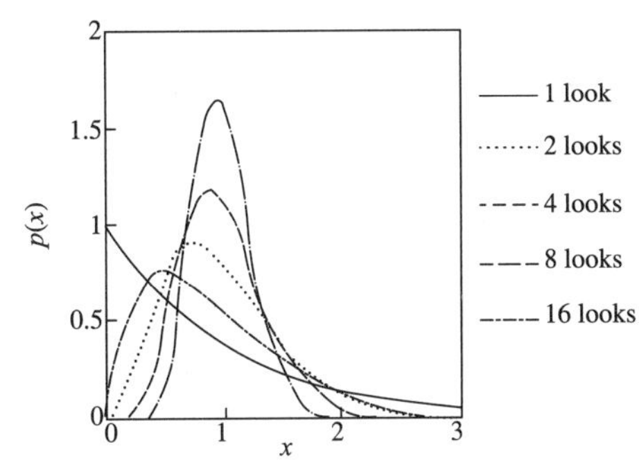

图 47　L-look 指数分布

① 距离向几何。

目标位置是传感器和地球表面目标地物之间脉冲传送时间的函数。因此，目标位置与传感器和目标地物之间的距离是存在一个正比关系的。

雷达图像平面可以被看作是任意的载有传感器飞行轨道的平面。个别目标点的投影映射到这个平面，即所谓的斜距平面，它是与传感器的距离成正比的，并导致地表成像信息的一个非线性压缩。

点 a，b 和 c 在斜距表面成像为点 a'，b' 和 c'，如图 48 所示。

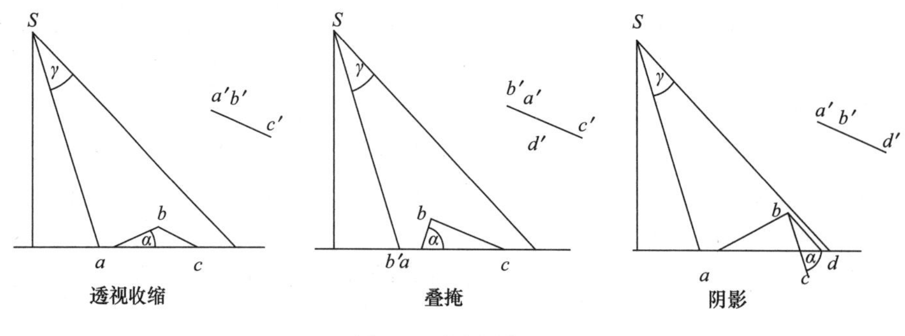

图 48　雷达图像平面

② 斜距与地距的几何。

通常 SAR 数据要进行斜距投影（即，原始的 SAR 几何形态）到地距投影的转换，如图 49 所示。

③ 方位向几何。

后向散射信号频率取决于传感器和目标地物间的相对速度。部分来自传感器前面地物的反射信号被一种高于反射信号的频率给予记录，原因是天线是移向目标地物的。同样，记录的传感器后向目标地物的信号频率比地物实际发射的频率要低。所有目标的多普勒频移描述成一个锥形。这个锥形的尖端是 SAR 天线的相位中心，且它的轴被定义为速度矢量的平台。

多普勒锥形和地球表面之间的超声切割是呈一条双曲线的，这种曲线被称为 Iso-多普勒曲线，如图 50 所示。

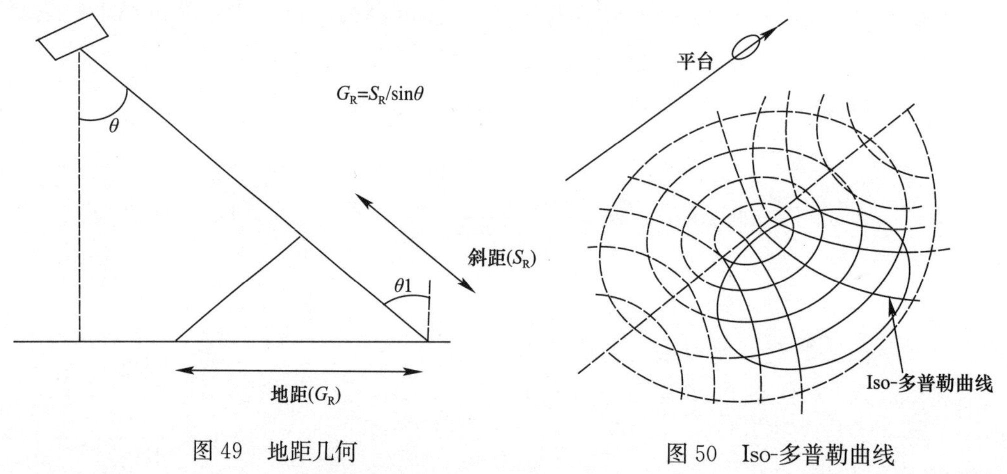

图 49　地距几何

图 50　Iso-多普勒曲线

3.2　DInSAR-GPS-GIS 融合方法

3.2.1　研究区 Sentinel-1A 卫星数据研究

Sentinel-1A 卫星于 2014 年 4 月 3 日发射升空，是欧洲空间局哥白尼计划发射的首颗环境监测卫星。经过一年左右的调试和预运行，在 2015 年 4 月至 5 月期间，该卫星开始稳定运行，采用 12d 的重访周期进行全球成像。

查询和下载 Sentinel 系列卫星数据，通过网址 https://scihub. copernicus. eu/实现。本研究区域位于杭州市的地铁 1 号线武林广场站—定安路站区间，查询下载界面如图 51 所示。共在研究区域下载 20 景 Sentinel-1A 卫星数据进行处理。

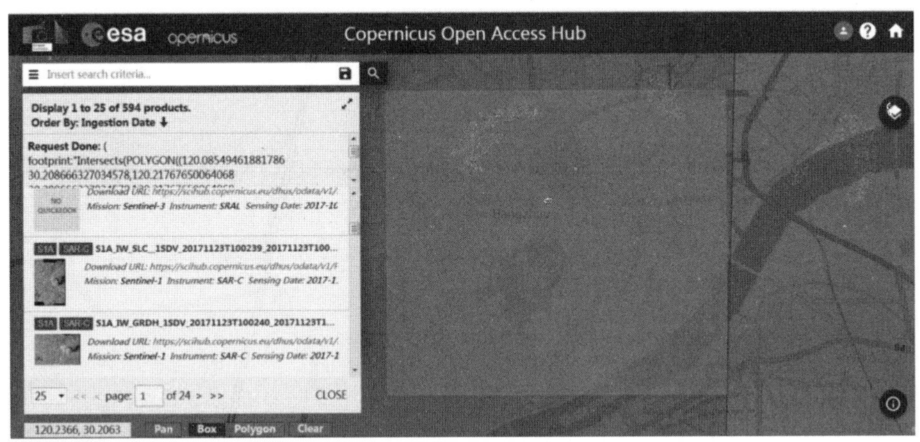

图 51　卫星数据查询下载界面

3.2.2　研究区 DEM 数据

下载 DEM 数据时，因有时网络不理想，会出现连接失败的情况，因此建议采用手动下载 DEM 数据。

（1）确定研究区 DEM 覆盖范围

根据研究区域的影像覆盖范围，下载研究区域的 DEM 数据，由于卫星数据采用的 Sentinel 系列卫星数据，DEM 数据采用 SRTM 90m 数据，下载网址是 http://srtm. csi. cgiar. org/，单击“SRTM Data Search and Download”选项，查询 DEM。然后进入研究区域影像范围选择，选择的区域为 srtm_61_06。单击“Click here to begin seach”选项，进入下载界面。单击下方的“Data Download（HTTP）”按钮，依次下载 DEM 数据压缩包。

（2）SARscape 标准格式转化

打开 DEM 数据，将打开后的 srtm_61_06 的 TIFF 图像转化为标准格式 srtm_61_06. dat，然后用数据导入功能（/SARscape/Import Data/ENVI Format/Original ENVI Format），生成 SARscape 标准格式的 DEM 数据，关键技术为：在 Input File 面板输入 srtm_61_06. dat 数据，在 Parameters 面板，Data Unit 选择 DEM，在 Ouput Files 面板选择输出路径，单击“Exec”按钮，得到研究区的 DEM 数据 srtm_61_06. dat_dem，如图 52 所示。

3.2.3　研究区卫星精密轨道数据

使用 Sentinel-1 卫星精密轨道数据对修正轨道信息，去除因轨道偏差引起的系统性偏差。采用 POD 精密定轨星历数据（POD Precise Orbit Ephemerides），相比 POD 回归轨道数据（POD Restituted Orbit），这是目前最精确的轨道数据，每天产生一个文件，每个文件覆盖 26h（一整天 24h 加上一天开始前 1h 和一天结束后的 1h），定位精度优于 5cm。

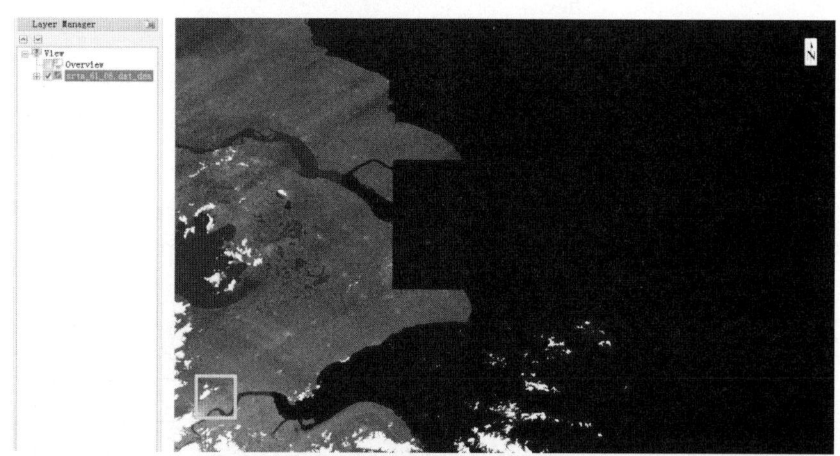

图 52　研究区 DEM 数据

卫星数据下载网址为 https://qc.sentinel1.eo.esa.int/，打开网页后，单击 Orbit Files 文件下方的“POD Precise Orbit Ephemerides”选项，进入查询和下载页面，选择要下载的轨道数据。在图 53 中，Sentinel-1 卫星精密轨道数据成像时间格式的文件 S1A_OPER_AUX_POEORB_OPOD_20170628T121621_V20170607T225942_20170609T005942.EOF，表示成像卫星是 S1A，精密轨道数据发布日期是 2017 年 6 月 28 日，数据成像时间是 2017 年 6 月 8 日。

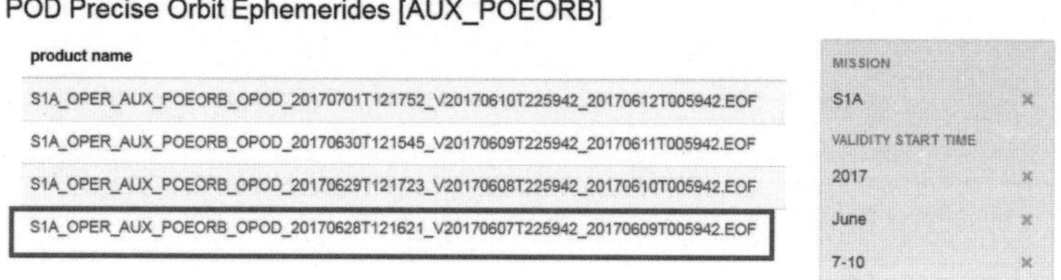

图 53　卫星精密轨道数据

3.2.4　研究区 GPS 控制点

结合本研究区域，对武林广场站—定安路站区间的关键坐标进行定位，获取关键点的坐标，如图 54、表 6 所示。

3.2.5　基于 ArcGIS 的数据处理

数据处理程序如下：

① 打开软件，在“文件”的下拉菜单栏中选择添加数据，并将实验数据的 Excel 表格导入，具体步骤如图 55～图 57 所示。

② 导入实验数据后，通过软件将实验数据以折线图的方式显示，以显示地面长期沉降随时间变化的规律。

③ 在创建图表设置窗口中选择图表类型、自变量与因变量的显示。主要通过选择折线图（图 58），反映实验数据的变化趋势。

图 54　研究区关键点定位

研究区关键点 GPS 坐标 **表 6**

序号	GPS 点	经度（°）	纬度（°）	备注
1	点 1	120.170928	30.278203	武林广场站
2	点 2	120.170353	30.268285	凤起路站
3	点 3	120.170496	30.260612	龙翔桥站
4	点 4	120.171287	30.254123	鉴衡里
5	点 5	120.174305	30.251814	定安路
6	点 6	120.16101	30.278702	天目山路与环城西路交叉口
7	点 7	120.163022	30.266351	圣塘关亭
8	点 8	120.168915	30.256868	西湖荷花区
9	点 9	120.178617	30.270406	中河北路站
10	点 10	120.181132	30.25431	庆华饭店

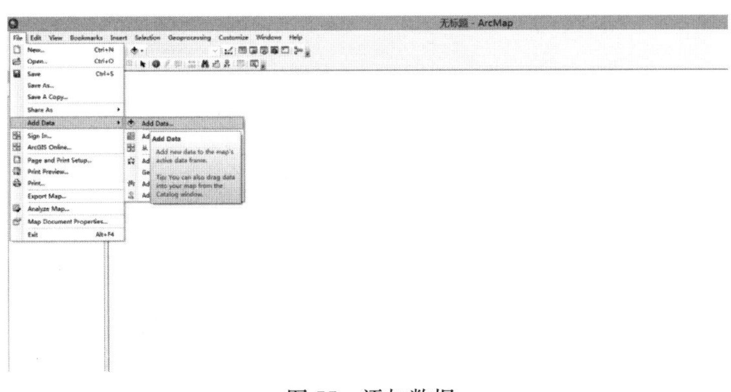

图 55　添加数据

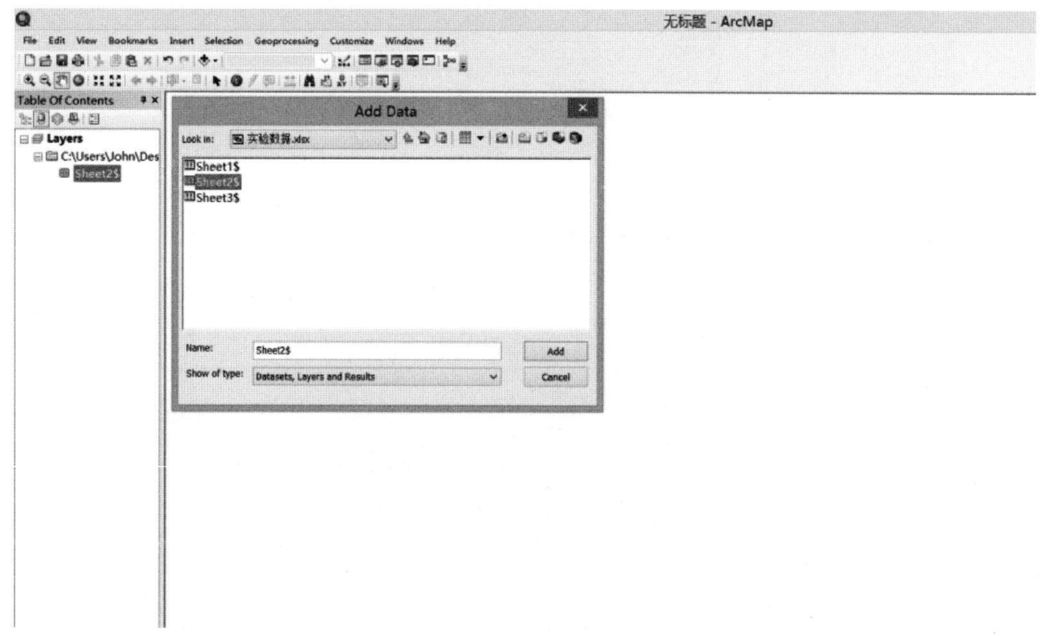

图 56　选择实验数据

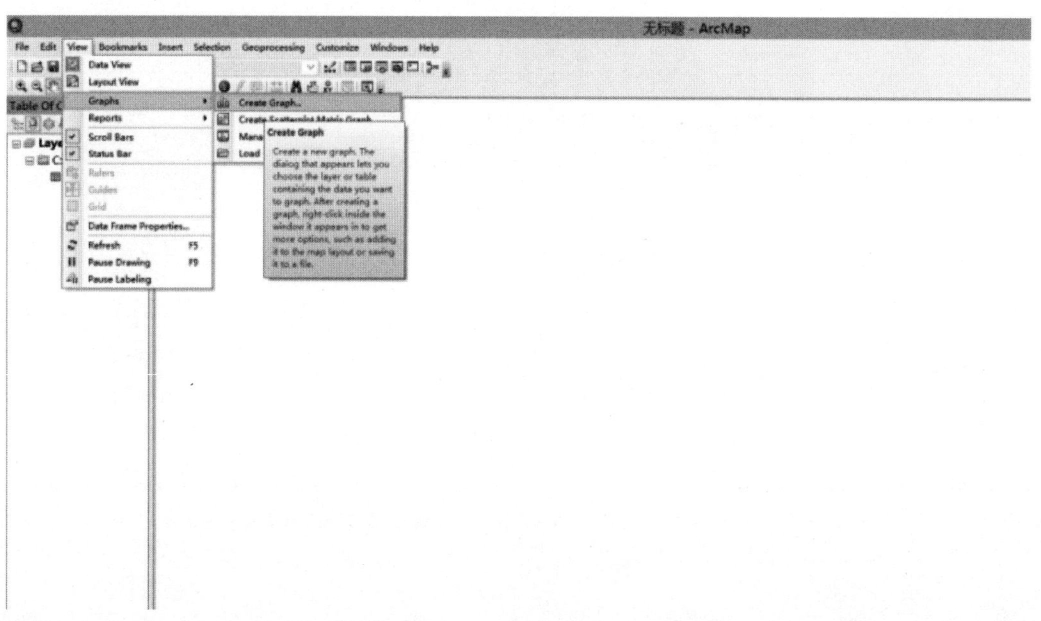

图 57　选择创建图表

3.2.6　DInSAR-GPS-GIS 融合方法

DInSAR-GPS-GIS 融合方法，主要是基于多信息融合平台进行，如图 59 所示。

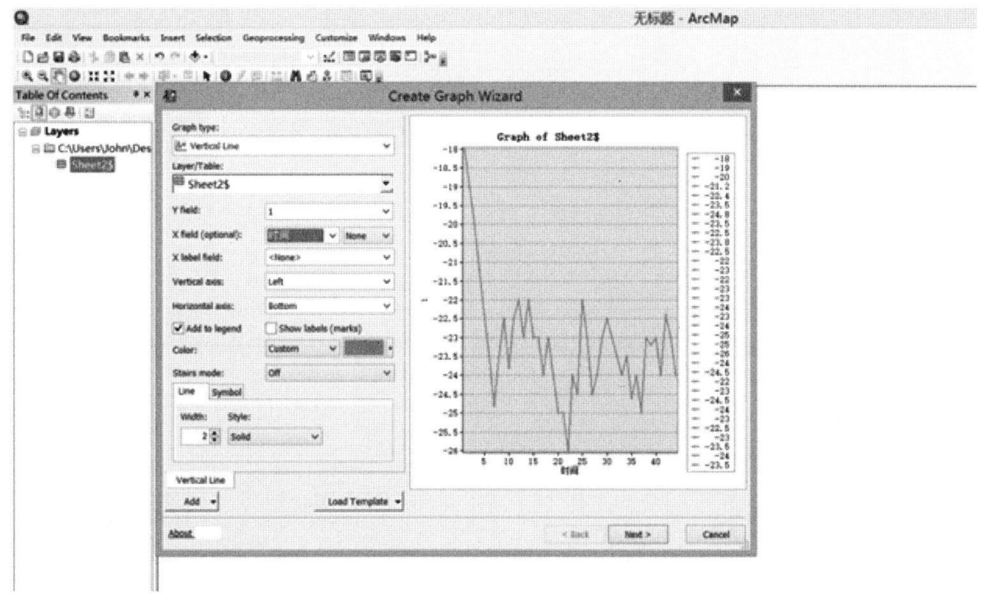

图 58　折线图的获取

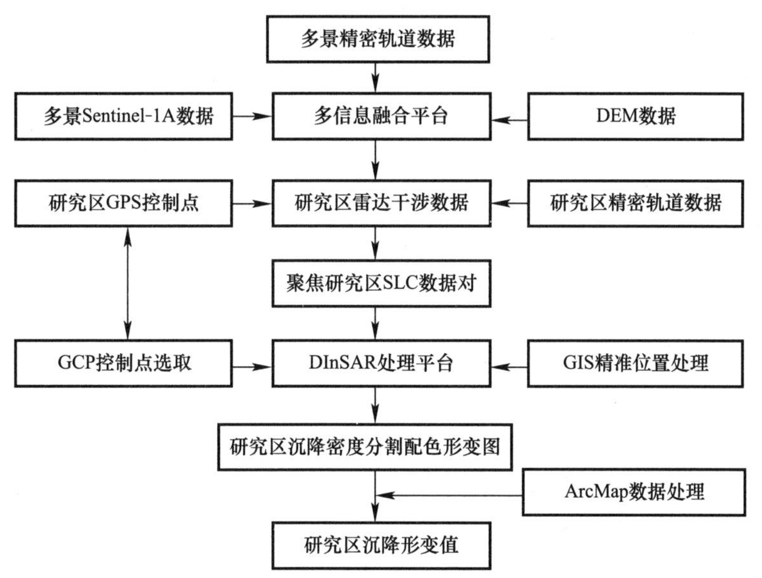

图 59　DInSAR-GPS-GIS 融合流程

3.3　DInSAR 参数研究

3.3.1　SARscape 参数设置

基于多信息软件平台打开 SARscape/Preferences（图 60），然后在打开的 SARscape Preferences [SENTINEL TOPSAR] 界面中（图 61），单击 Load Preferences 菜单下的

“SENTINEL_TOPSAR”选项，然后在弹出的对话框中单击“是”按钮（图 62）。

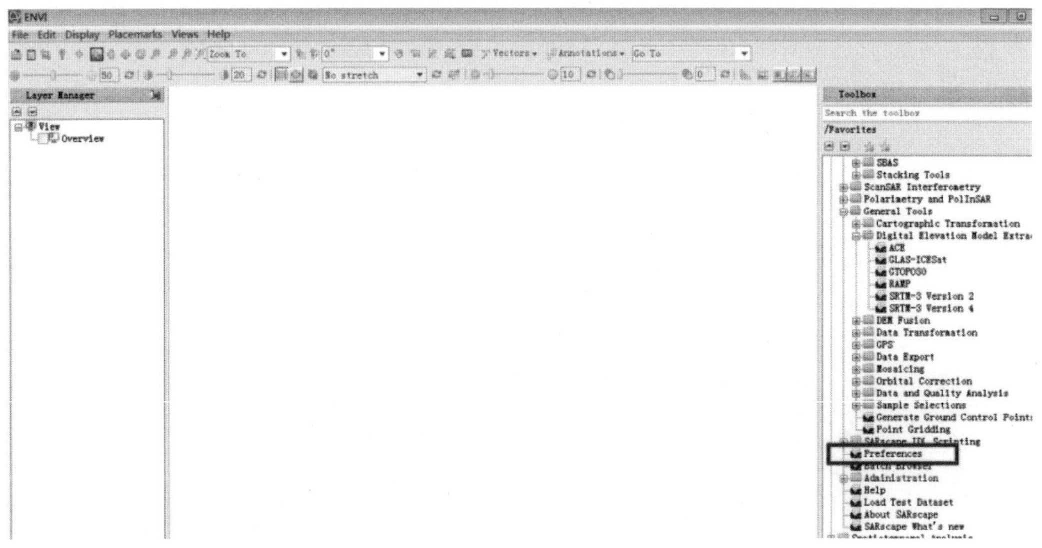

图 60　Preferences 位置

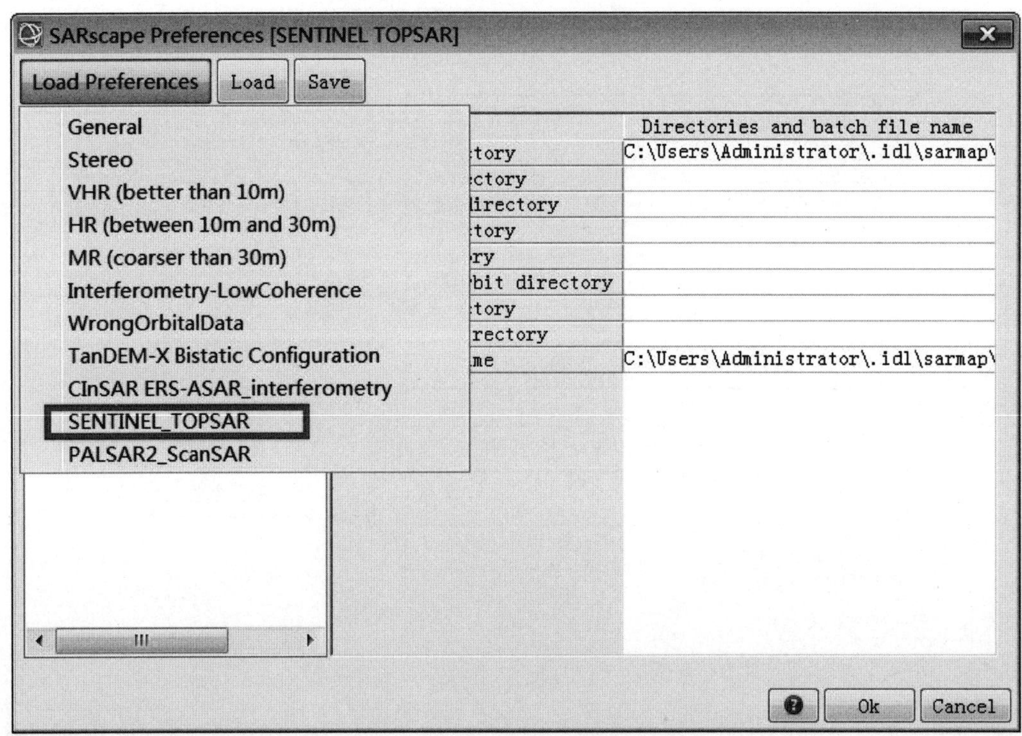

图 61　SARscape Preferences 界面

3.3.2　ENVI 参数设置

单击 File 菜单下的“Prefrances”，打开 Prefrances 操作界面（图 63），对文件处理

时的输入路径 Input Directory、输出路径 Output Directory、临时文件目录 Temporary Directory 进行设置。设置时，要注意 SARscape 不支持中文路径，所有的输入、输出、临时文件目录都避免中文字符。

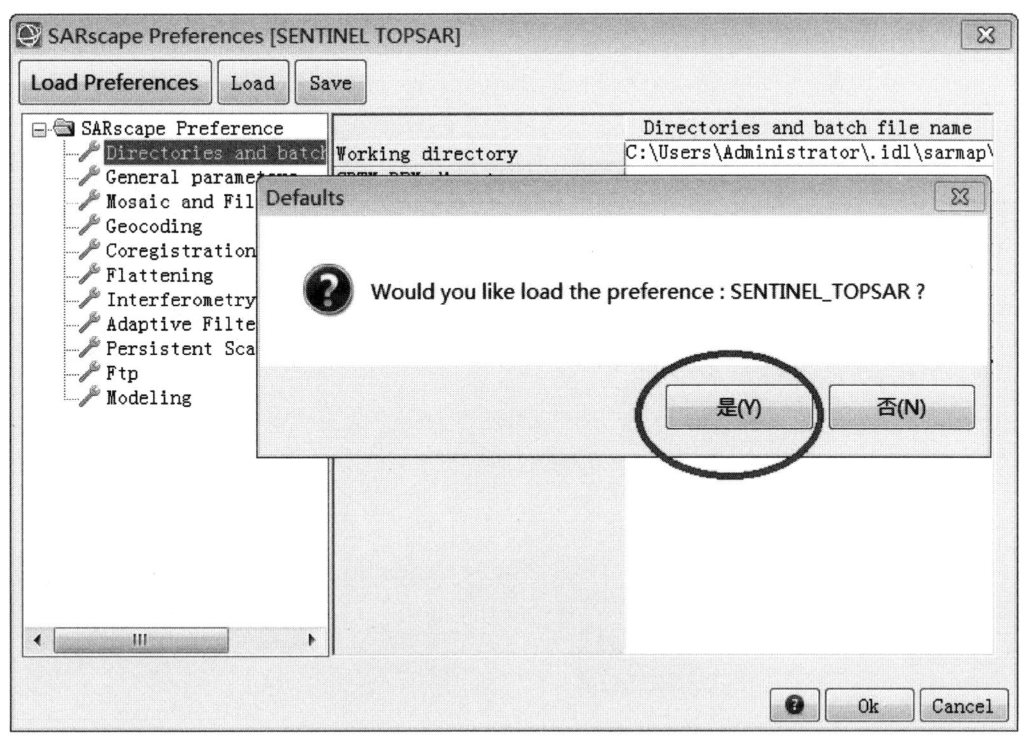

图 62　SENTINEL_TOPSAR 选择

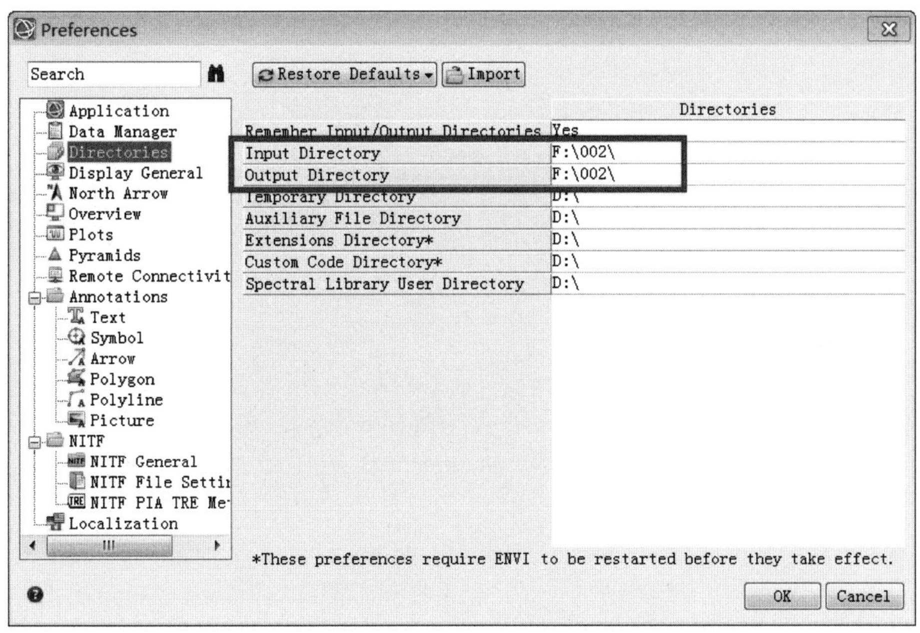

图 63　Prefrances 操作界面

3.3.3 Sentinel 卫星数据导入

将获取的 Sentinel-1A 两景卫星数据解压，两景卫星数据分别是 20160601 和 20161128，打开数据导入工具 SARscape/Import Data/SAR Spaceborne/SENTINEL 1（图 64）。在 Import Sentinel-1 数据导入面板，选择 Input File，单击“Input File List”参数栏，在 0 和 1 的位置分别输入 20160601 和 20161128 的 Sentinel-1A 数据的元数据文件 manifest. safe。然后在 Optional Input Orbit File List 参数栏中，分别输入 20160601 和 20161128 卫星数据对应的精确轨道文件。由于本研究于 2016 年开始实施，为充分考虑地铁运营时间对地面长期沉降的影响，故选择 20160601 卫星数据作为主影像，选择 20161128 卫星数据作为从影像。

鼠标单击 Import Sentinel-1 数据导入面板中的“Parameters”选项（图 65），选择 Principal Parameters，将 Rename the File Using Parameters 的参数设置为 True，然后选择 Other Parameters 设置，将 Generate SLC mosaic 的参数设置为 True，使 SLC 文件输出为镶嵌后的 SLC 数据。Output Directory 输出路径保持之前设置的路径。各项参数设置好后，单击面板上的“Exec”键，执行卫星数据及轨道文件导入功能，完成后弹出对话框，单击“End”键。

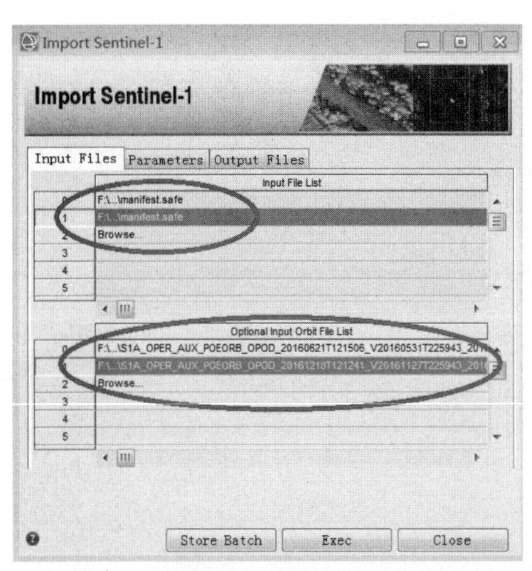

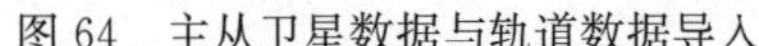

图 64　主从卫星数据与轨道数据导入

图 65　参数设置

研究区整景图像的强度图如图 66 所示。输出的卫星数据文件主要包括：整景图像的强度图数据（_pwr）、slc 索引文件（. slc_list）带有地理坐标的外边框矢量文件（. shp）等。

打开带有地理坐标的外边框矢量文件 SHP，单击 view 菜单下的“Reference Map Link”文件，可以自动链接 Arcgis Online 的在线底图，查看卫星数据的地理范围属于研究区区域的杭州市地图（如图 67 所示），打开_slc_list. sml 文件，搜索“ORBIT_FILE_NAME”字段，查看导入的卫星数据用到了 POD 精密定轨星历数据（如图 68 所示），确保卫星数据的定位更准确。

图 66 研究区整景图像强度图

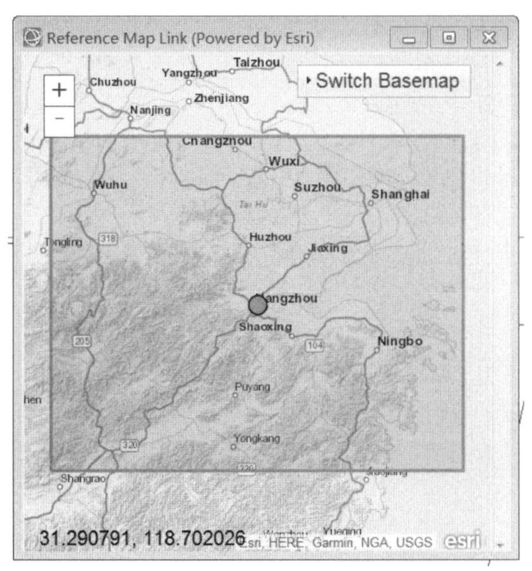

图 67 研究区 Arcgis Online 底图

图 68 POD 精密定轨星历数据用于卫星数据

3.4 基线估算分析

单击“SARscape/Interferometry/Interferometric Tools/Baseline Estimation”文件，打开基线估算 Baseline Estimation 面板（图 69），在 Input Files 栏输入主从影像的_slc_list 文件，单击“Exec”按钮执行，执行结束，单击“End”按钮，研究区域基线估算理论高度、理论变形精度分别如图 70、图 71 所示。

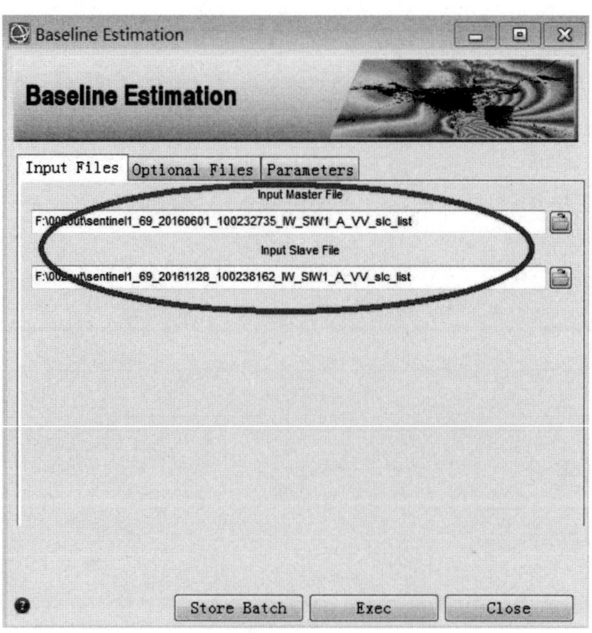

图 69　主从影像输入 Baseline Estimation

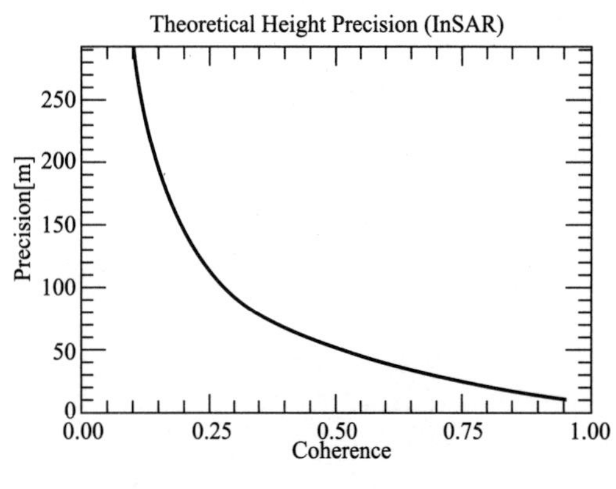

图 70　理论高度精度

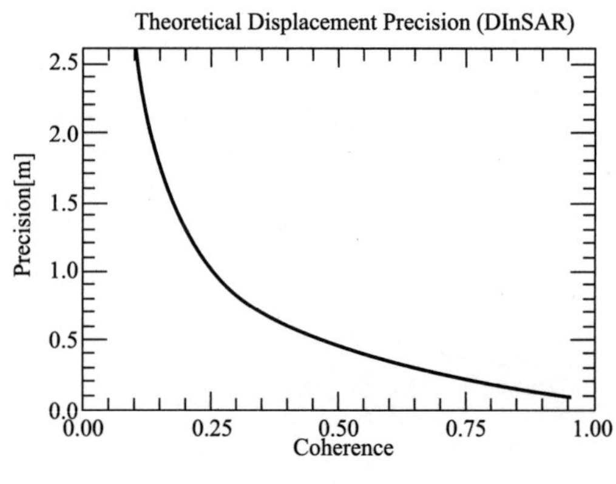

图 71　理论变形精度

研究区域基线估算的结果如下：

Normal Baseline(m)＝59.401

Critical Baseline min-max(m)＝[－6452.217]－[6452.217]

Range Shift(pixels)＝2.734

Azimuth Shift(pixels)＝－8.031

Slant Range Distance(m)＝879019.561

Absolute Time Baseline(Days)＝180

Doppler Centroid diff.(Hz)＝－31.079

Critical min-max(Hz)＝[－486.486]－[486.486]

2 PI Ambiguity height(InSAR)(m)＝261.718

2 PI Ambiguity displacement(DInSAR)(m)=0.028

1 Pixel Shift Ambiguity height(Stereo Radargrammetry)(m)=21984.307

1 Pixel Shift Ambiguity displacement(Amplitude Tracking)(m)=2.330

Master Incidence Angle =39.623 Absolute Incidence Angle difference=0.004

Pair potentially suited for Interferometry,check the precision plot

由基线估算的结果可知，主从两景卫星数据的空间基线为 59.401m，远小于临界基线 6452.217m，满足精度条件，时间基线 180d，进行 DInSAR 软件处理时的一个相位变化周期代表的地表变形为 0.028m。

3.5 DInSAR 形变关键算法

3.5.1 DInSAR 形变处理流程

DInSAR 形变处理流程如图 72 所示。

3.5.2 主从影像文件极化方式选择

打开/SARscape/Interferometry/DInSAR Displacement Workflow 工具，如图 73 所示。DInSAR Displacement 面板，在 Input 栏选择 Input File 项，输入极化方式为 VV 的_slc_list 主影像 20160601 和从影像 20161128。然后点击 DEM/Cartographic System 选项，输入参考 DEM 文件 srtm_61_06.dat_dem，如图 74 所示。最后单击“Parameters”选项，设置 Grid Size 为 20。DInSAR Displacement 面板设置完成后，单击“Next”按钮，弹出自动计算视数的面板（图 75），算出距离向视数 Range Looks 为 5，方位向视数 Azimuth Looks 为 1。

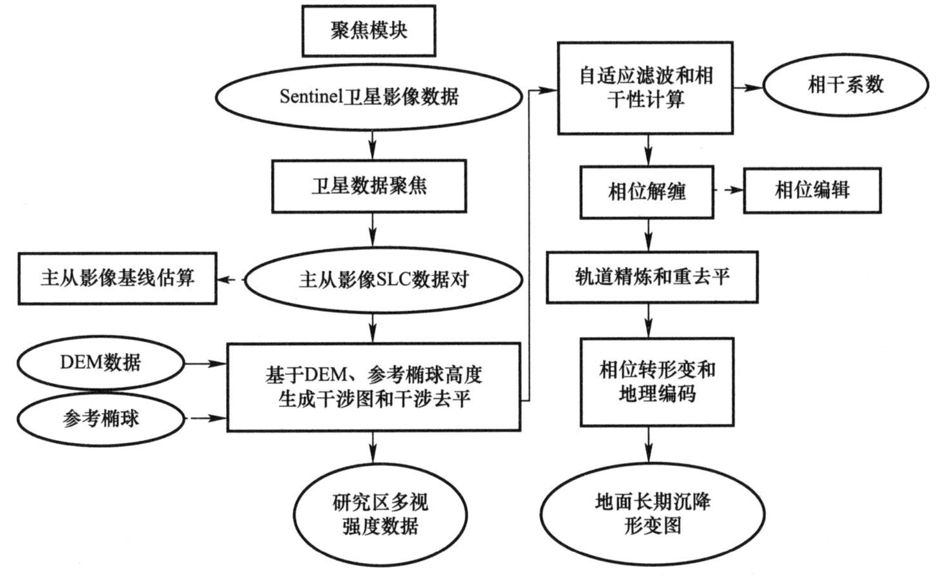

图 72 DInSAR 形变处理流程

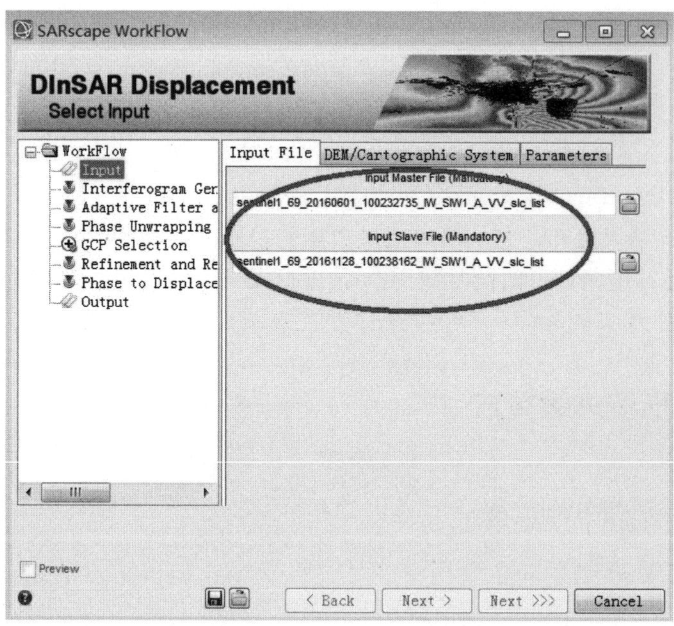

图 73　DInSAR Displacement 面板主从影像输入

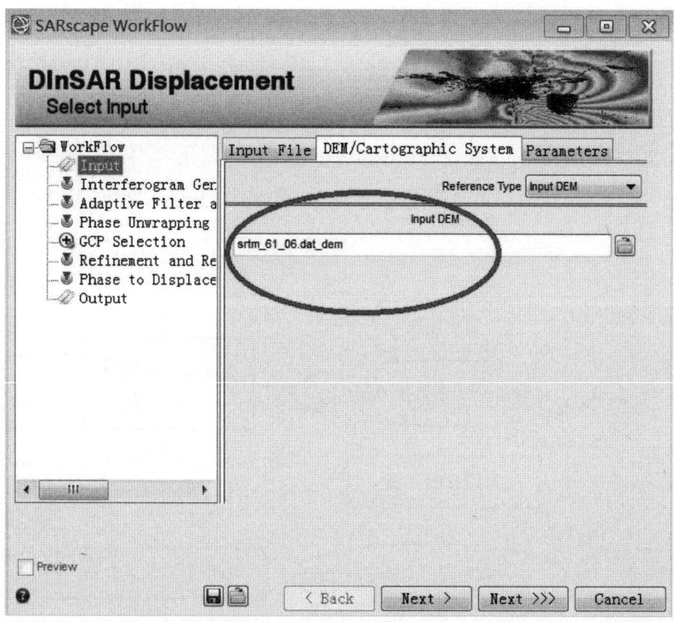

图 74　参考 DEM 输入

3.5.3　生成干涉图

干涉图生成 Interferogram Generation 面板，如图 76 所示。该面板主要参数会自动添加距离向视数 Range Looks、方位向视数 Azimuth Looks 和制图分辨率 Grid Size for Suggested Looks，Coregistration With DEM（配准时使用 DEM）参数设置为 Ture，全局参

数（Global）只需将 Make TIFF（生成 TIFF 数据）设置为 Ture（图 77），生成 TIFF 格式的中间结果。其他参数均保持默认。

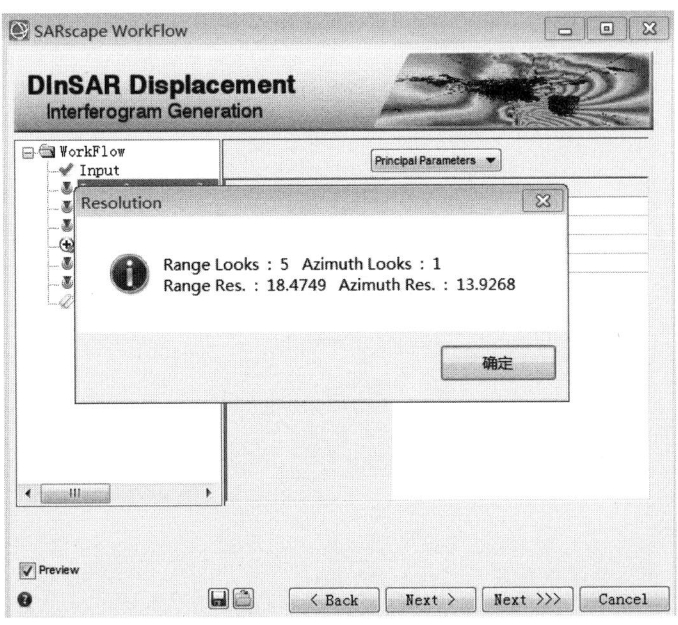

图 75　视数自动计算

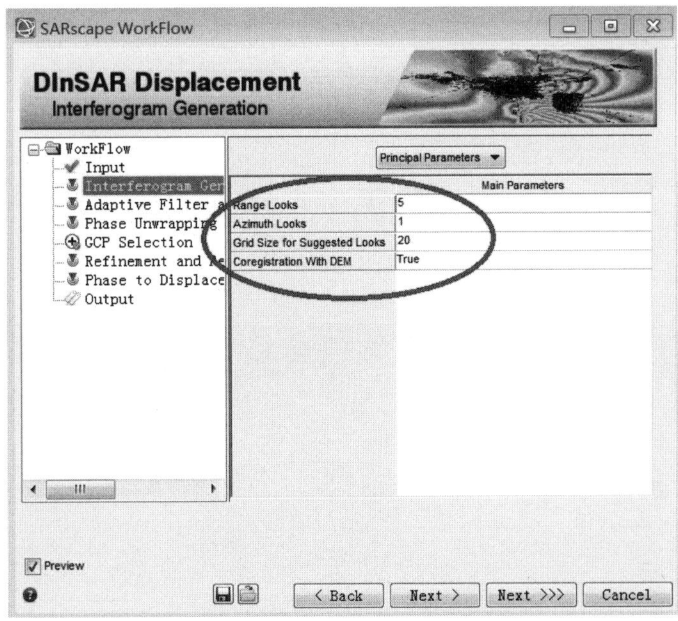

图 76　Interferogram Generation 主要参数设置

干涉图处理完成后，在 ENVI 视窗中自动加载 INTERF_out_dint（去平后的干涉图）、主影像强度图（INTERF_out_master_pwr）。研究区域去平后的干涉图如图 78 所示，主影像强度图如图 79 所示。

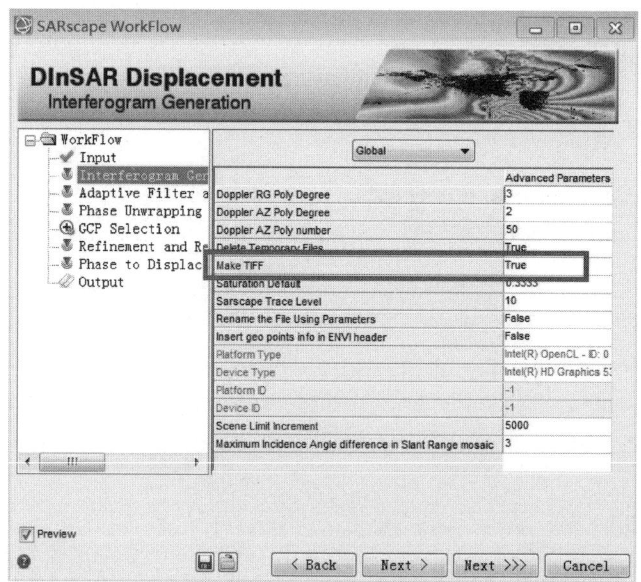

图 77　Interferogram Generation 局部参数设置

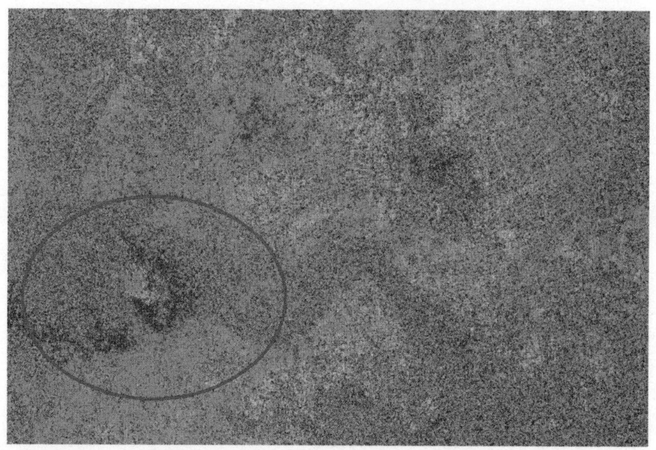

图 78　研究区域去平后的干涉图

图 79　研究区域去平后的主影像强度图

Interferogram Generation 这一步产生的数据储存在 ENVI 临时文件路径下，自动生成“SARsTmpDir+日期”的文件夹，这一步生成的其他结果还有：

INTERF_out_int：干涉图。

INTERF_out_slave_pwr：从影像强度图。

INTERF_out_par：文本文件保存的配准时的偏移量数据。

INTERF_out_sint：合成的相位。

INTERF_out_srdem：斜距几何下的参考 DEM。

INTERF_out_par_orbit_off：估算轨道偏移时用到的点矢量数据，包括在方位向和距离向的点的位置坐标、测量到的偏移量、计算出的线性偏移量。

INTERF_out_par_winCC_off：从强度数据的相差上估算交叉相关偏移量的点矢量数据。包含每个点上交叉相关的值（CC），范围是 0～1。

INTERF_out_par_winCoh_off：从相位数据的相差上估算相干性的点矢量数据，包含信噪比（SNR）和相干性，相干性值的范围是 0～1。

3.5.4　滤波和相干性计算

在滤波和相干性计算（Adaptive Filter and Coherence Generation）面板上，在主要参数（Principal Parameters）一栏，滤波方法（Filtering Method）提供了 3 种，分别是 Adaptive、Boxcar 和 Goldstein。

Adaptive 方法适用于高分辨率的数据，如 TerraSAR-X 或 COSMO-SkyMed；Boxcar 使用局部干涉条纹的频率来优化滤波器，该方法尽可能地保留了微小的干涉条纹；Goldstein 方法的滤波器是可变的，提高了研究区域干涉条纹的清晰度，减少了由空间基线或时间基线引起的失相干的噪声。综合以上分析，本研究选取 Goldstein 方法对研究区域的滤波进行处理，如图 80 所示。然后点击面板上的“Next”按钮，进行干涉图滤波和相干性生成处理。滤波和相干性计算完成之后，ENVI 视窗自动加载研究区域滤波后的干涉图 INTERF_out_fint（图 81）和相干性系数图 INTERF_out_cc（图 82）。

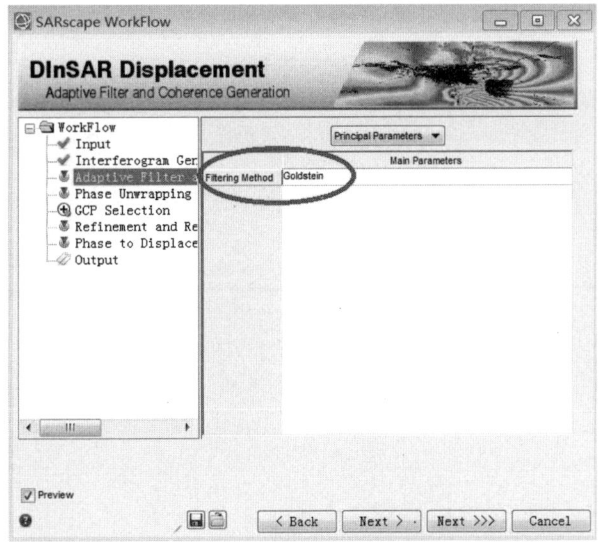

图 80　Goldstein 滤波法选取

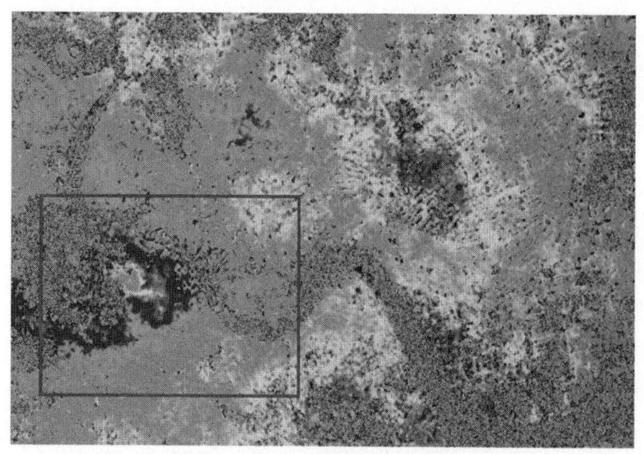

图 81　研究区域滤波后的干涉图

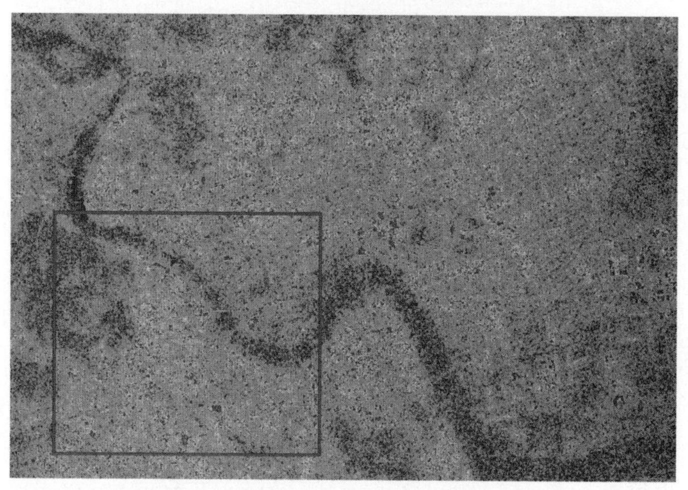

图 82　研究区域相干性系数图

3.5.5　相位解缠

相位解缠（Phase Unwrapping）面板如图 83 所示。相位的变化是以 2π 为周期，只要相位变化超过 2π，相位就会重新开始和循环。因此，相位解缠是对去平和滤波后的相位进行解缠处理，使之与线性变化的地形信息对应，解决 2π 模糊的问题。

在 Phase Unwrapping 界面选择主要参数（Principal Parameters）一栏，解缠方法（Unwrapping Method Type）有三种，分别是 Region Growing（区域增长法）、Minimum Cost Flow（最小费用流）和 Delaunay MCF 法。Region Growing 法，不要设置过高的相干性阈值（0.15～0.2 比较好）以便留下足够的自由增长空间，相位突变部分在解缠后的图像上以解缠孤岛存在，这种方法降低了由相位突变引起的偏差。Minimum Cost Flow 法，当有大面积的低相干或是其他限制增长的因素而使解缠困难时，该法可以取得比 Region Growing 法更好的结果，这种方法采用正方形的格网，考虑了图像上所有的像元，对相干性小于阈值的像元做了掩膜处理。Delaunay MCF 和 Minimum Cost Flow 法的不同在于，这种方法不是考虑了图像上所有的像元，而是仅考虑了相干性大于阈值的部分，而且不是用正方形的格网而是用了德罗尼三角形格网，只有对相干性高的部分进行解缠，不受低相干像元的影响，对于有大量相干性低的地物存在的时候，如影像上存在大量水体、浓密植被等，推荐使用该方法。

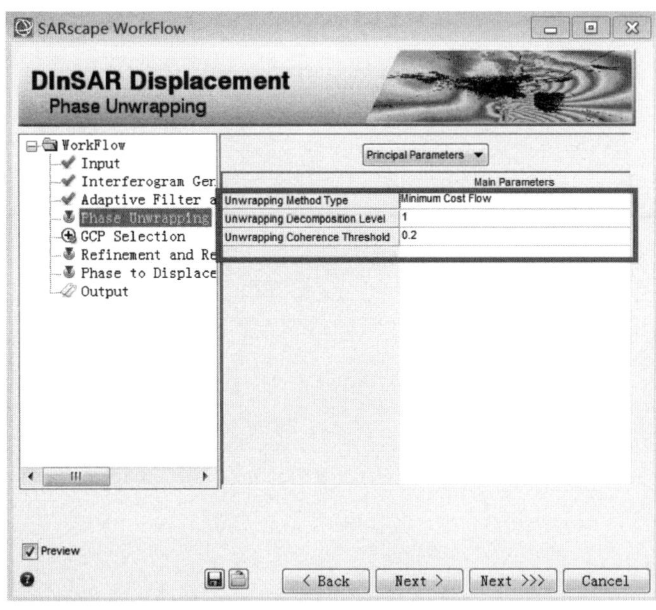

图 83 相位解缠（Phase Unwrapping）面板参数选择

参数选择时，Unwrapping Decomposition Level（解缠分解等级）是为了用迭代的方法对卫星数据做多视和疏采样，即干涉图以一个较低的分辨率被解缠然后被重采样成原来的分辨率，使用分解可减少解缠错误，提高处理效率。迭代的次数有：－1、0、1、2、3，其中，－1 和 0 代表不执行分解，用原始的像素采样，当形变很大或是地形很陡峭的情况下（多相位/高密度分布），分解可引起交迭效应，可设置为－1 或 0，1 代表最小的分解等级，3 代表最大的分解等级。

综合以上因素，Unwrapping Method Type 选择 Minimum Cost Flow，Unwrapping Decomposition Level（解缠分解等级）选择 1，Unwrapping Coherence Threshold（解缠最小相干性阈值）选择 0.2。Phase Unwrapping 面板参数设置完成后，点击“Next”按钮，进行干涉图滤波和相干性生成处理，相位解缠处理结果 INTERF_out_upha 如图 84 所示。

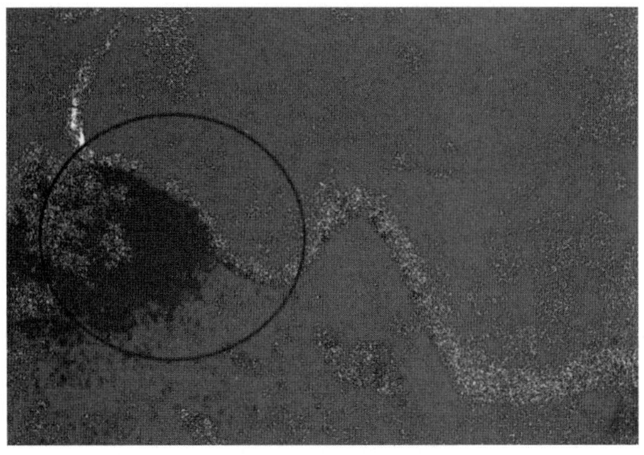

图 84 相位解缠结果

3.5.6 控制点选择

控制点选择（GCP Selection）的是输入用于轨道精炼的控制点文件。在 Select GCPs 面板（图 85）中，在 Refinement GCP File（Mandatory）一栏，单击按钮，自动打开流程化的控制点选择工具，软件自动输入相应研究区域控制点三个文件 INTERF_out_upha、srtm_61_06.dat_dem、INTERF_out_fint，如图 86 所示。然后单击“Next”按钮，INTERF_out_upha 和 INTERF_out_fint 自动在 ENVI 视窗中显示。

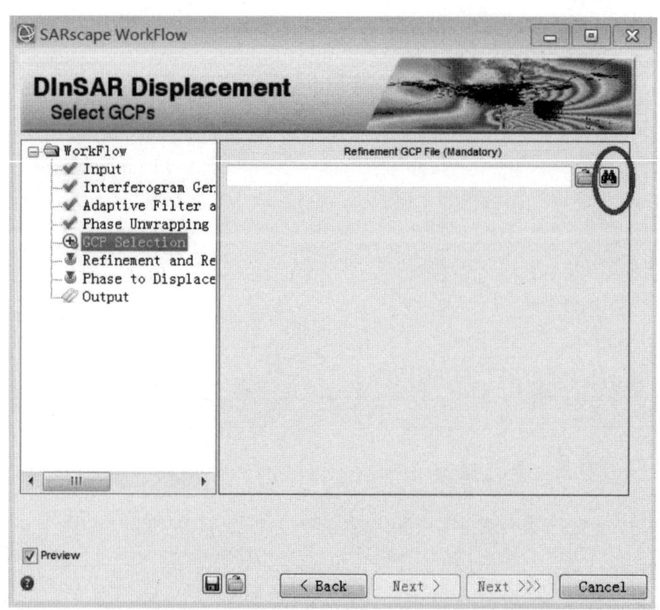

图 85　Select GCPs 面板参数选择

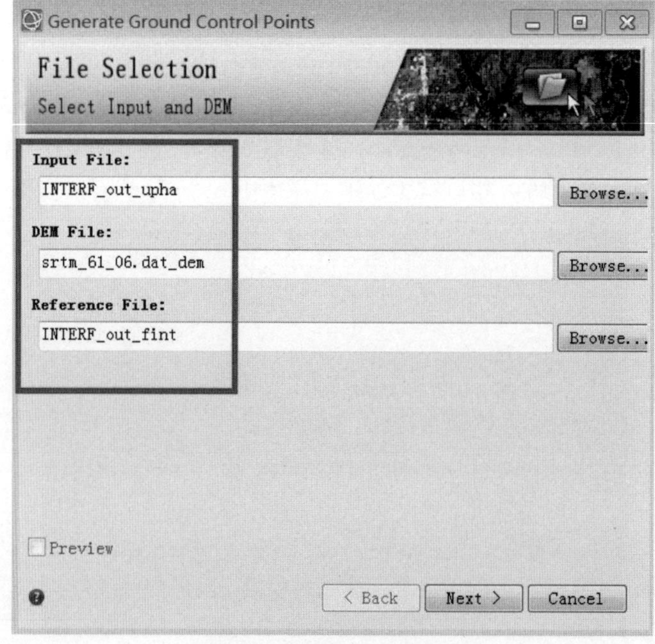

图 86　控制点文件生成

GCP 控制点选择时，应远离形变区域、解缠错误的相位跃变区域和残余地形相位，DInSAR 处理地表形变时，在没有轨道偏差的情况下，远离形变区域的位置选择一个 GCP 点即可，如果存在轨道偏差，需要选择多个 GCP 点，作为稳定的参考点，程序从这些点中计算出偏差相位从而去除。GCP 控制点选择情况如图 87 所示。

Generate Ground Control Points
Select GCPs...
Import GCPs...
GCPs
Cartographic System
Export
Ground Control Points: 40
GCP_37
GCP_38
GCP_39
GCP_40
GCP_41
GCP_42
GCP_43
GCP_44
GCP_45
GCP Properties
Name
GCP_45
Map X
0
Map Y
0
Height
0
Image X
8080.5107421875
Image Y
4430.0224609375
Vel. X (mm/y)
0
Vel. Y (mm/y)
0
Vel. Height (mm/y)
0
Date
Insert
Preview
< Back
Finish
Cancel

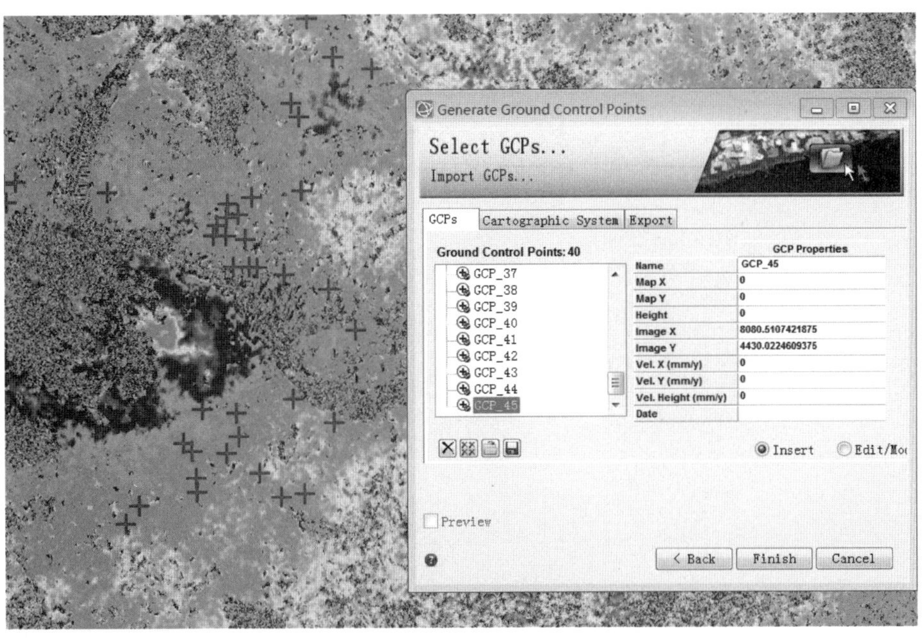

图 87 GCP 控制点选取

在 GCPs 面板中，选择 Cartographic System 选项，查看控制点的参考坐标系统，该坐标系从研究区参考 DEM 上自动读取，如图 88 所示。

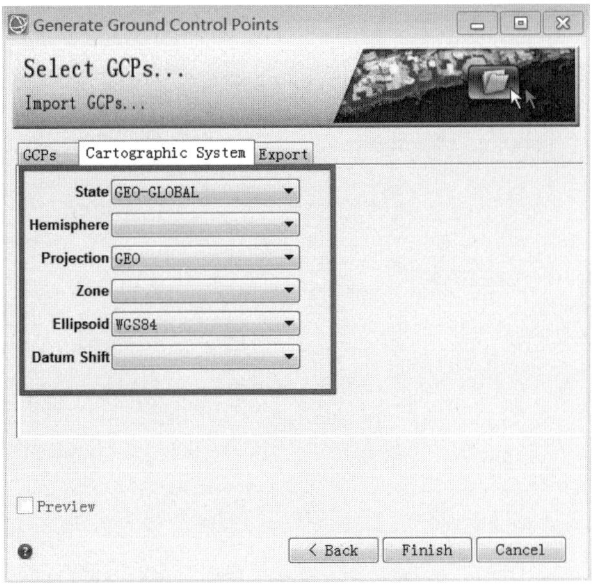

Generate Ground Control Points
Select GCPs...
Import GCPs...
GCPs
Cartographic System
Export
State
GEO-GLOBAL
Hemisphere
Projection
GEO
Zone
Ellipsoid
WGS84
Datum Shift
Preview
< Back
Finish
Cancel

图 88 控制点参考坐标系统

在 GCPs 面板中，单击“Export”按钮，查看控制点的存放路径和文件名，生成的控制点文件为 INTERF_out_upha_gcp. xml。然后在控制面板的下方，单击“Finish”按钮，生成控制点文件 INTERF_out_upha_gcp. xml，并自动添加到 DInSAR 流程化处理面板的 Refinement GCP File（Mandatory）一栏，如图 89 所示。

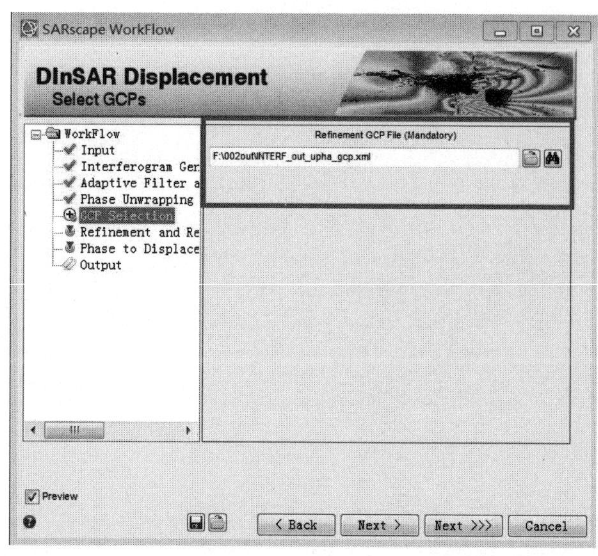

图 89　Refinement GCP File（Mandatory）项生成控制点文件

3.5.7　轨道精炼和重去平

Refinement and Re-flattening（轨道精炼和重去平）是进行轨道精炼和相位偏移的计算，消除可能的斜坡相位，对卫星轨道和相位偏移进行纠正。本步骤对解缠后的相位是否能正确转化为研究区域的形变值非常关键。Refinement and Re-flattening 界面如图 90 所示。

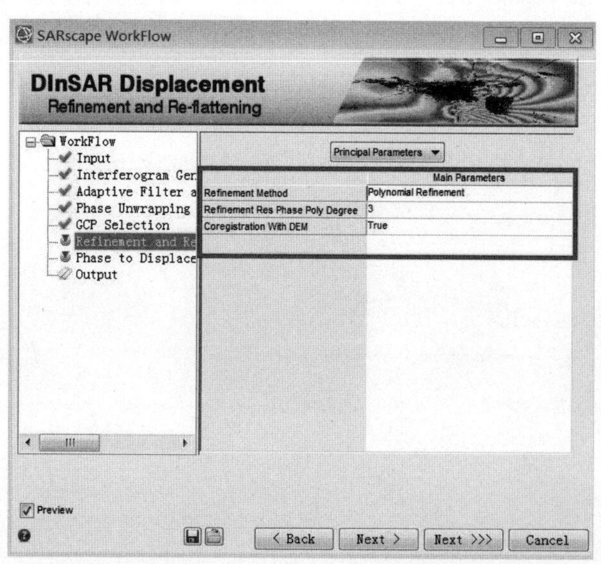

图 90　Refinement and Re-flattening 参数选取

在 Refinement and Re-flattening 界面，单击“Principal Parameters”（主要参数）一栏，Refinement Method（轨道精炼方法）选择 Polynomial Refinement，该算法健壮性更好，即使是在基线小的情况下也可以使用；Refinement Res Phase Poly Degree（轨道精炼的多项式次数）选择 3，这是在重去平的过程中用到的估算相位斜坡的多项式次数，若输入的控制点个数较少，次数会自动降低，3 表示在距离向和方位向加上一个恒定的相位偏移的相位斜坡会被修正；Coregistration With DEM（配准时是否考虑到地形因素）选择 Ture。

Refinement and Re-flattening 处理完成后，优化的结果显示在 Refinement Results 面板上，内容如下：

ESTIMATE A RESIDUAL RAMP

Points selected by the user＝40

Valid points found＝40

Extra constrains＝2

Polynomial Degree choose＝3

Polynomial Type:＝k0－k1 * rg＋k2 * az

Polynomial Coefficients(radians):

k0＝24.7173808990

k1＝0.0006048432

k2＝－0.0046972519

Root Mean Square error(m)＝63.2093312825

Mean difference after Remove Residual refinement(rad)＝－0.1101105943

Standard Deviation after Remove Residual refinement(rad)＝1.5099697025

重去平后的干涉图 INTERF_out_reflat_fint 如图 91 所示，重去平后的解缠结果 INTERF_out_reflat_upha 如图 92 所示。

其他结果有：INTERF_out_reflat_sint 重去平后的合成相位图、INTERF_out_reflat_srdem 重去平后的斜距 DEM、INTERF_out_reflat.txt 轨道精炼所用的轨道修正参数、INTERF_out_reflat_refinement.shp 轨道精炼用有效的控制点文件（斜距坐标系）、INTERF_out_reflat_refinement_geo.shp 轨道精炼用有效控制点文件（地理坐标系）。

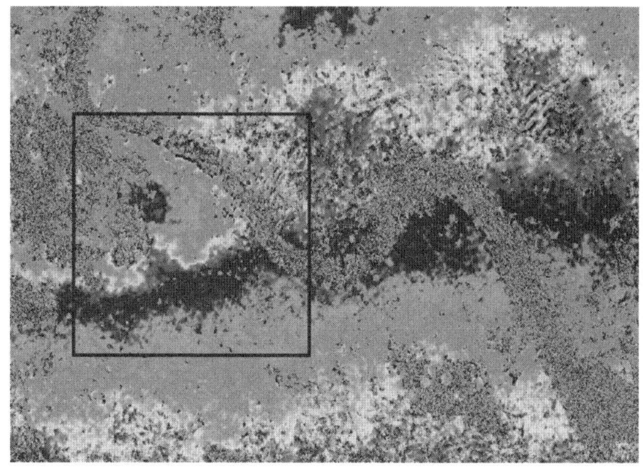

图 91　研究区重去平后的干涉图

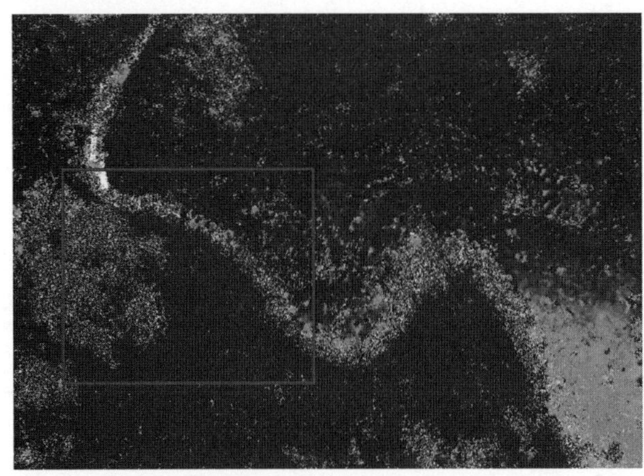

图 92　研究区重去平后的解缠结果

3.5.8　相位转形变以及地理编码

Phase to Displacement Conversion and Geocoding（相位转形变以及地理编码）是将经过绝对校准和解缠的相位，结合合成相位，转换为形变数据以及地理编码到制图坐标系统，系统默认得到 LOS 方向的形变。Phase to Displacement Conversion and Geocoding 界面如图 93 所示。

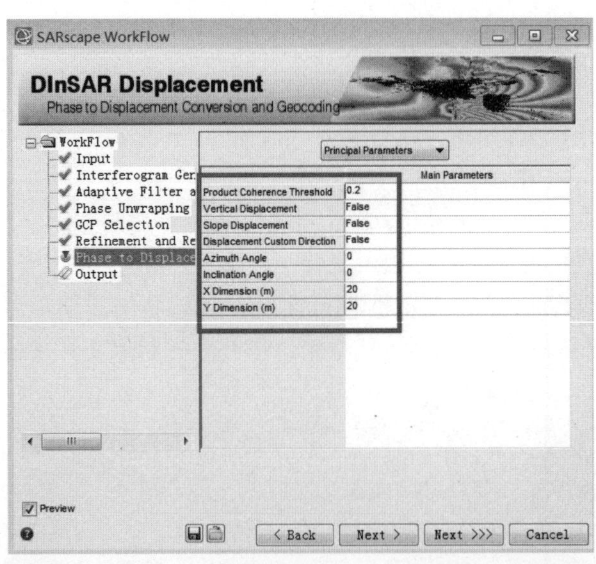

图 93　Phase to Displacement Conversion and Geocoding 面板参数设置

选择 Principal Parameters 一栏，Product Coherence Threshold（相干性阈值）选择 0.2，相干性大于该值的相位转为形变值；Vertical Displacement（垂直方向的形变）选择 False，不计算垂直方向上的形变；Slope Displacement（斜坡形变）选择 False，不计算斜坡方向上的形变；Displacement Custom Direction（用户自定义方向的形变）选择 False；Azimuth Angle（方位角）选择 0；Inclination Angle（入射角）选择 0；X Dimension（m）（X 方向上的水平分辨率）选择 20；Y Dimension（m）（Y 方向上的水平分辨率）选择 20。

单击“Geocoding”（地理编码参数）一栏，选择 Dummy Removal（去除图像外的无用值）为 True，对图像外的区域做掩膜处理，其他区域参数保持默认，如图 94 所示。

单击 Phase to Displacement Conversion and Geocoding 面板上的“Next”按钮，进行相位转形变和地理编码处理。地理编码的坐标系是以研究区域参考 DEM 的坐标系为准。相位转形变以及地理编码处理完成后，研究区卫星传感器观测方向的形变_slc_out_disp，即 LOS 方向上的形变，如图 95 所示，地理编码的相干性系数图_slc_out_disp_cc_geo 如图 96 所示。这一步得到的其他结果还有：

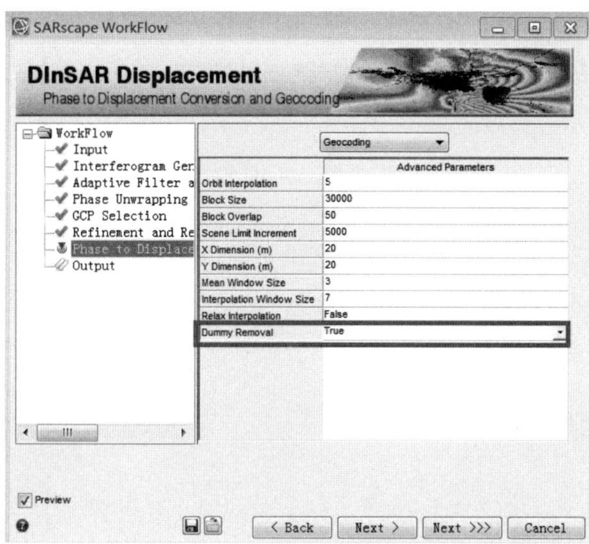

图 94　Geocoding 参数设置

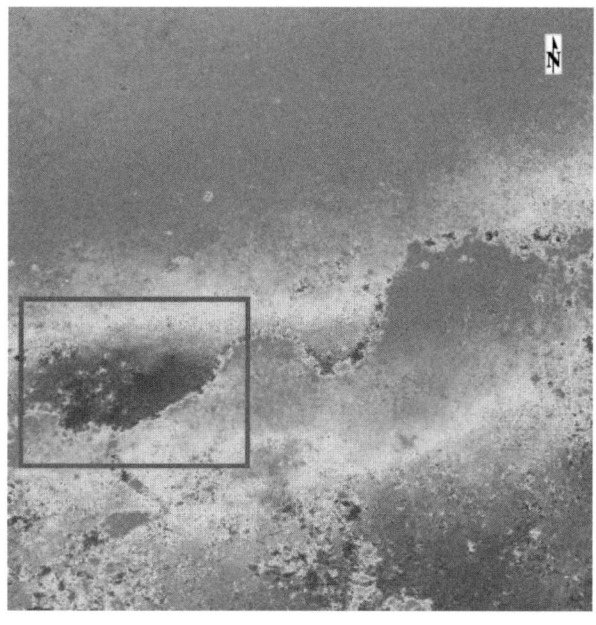

图 95　研究区 LOS 方向上的形变

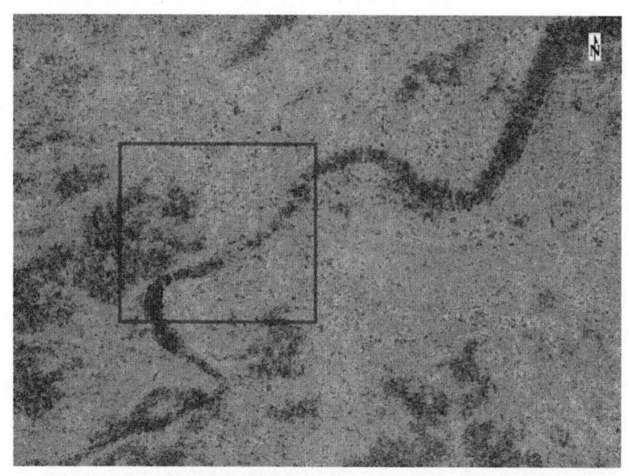

图 96　研究区地理编码的相干性系数图

_slc_out_disp_dem 重采样到制图输出分辨率上的参考 DEM 数据。

_slc_out_disp_precision 数据质量的估算结果图（代表形变的精度）。

_slc_out_disp_ALOS 视线方位角。

_slc_out_disp_ILOS 视线入射角。

3.6　地面长期沉降动态分析

在 DInSAR 处理平台中，在 Output Root Name（Mandatory）一栏，将结果输出路径进行变更，其中，Delete Temporary Files 选项不勾选，保留中间结果便于查看，文件名称为：sentinel1_69_20160601_100232735_IW_SIW1_A_VV_slc_list_out。

单击面板上的"Finish"项，输出结果，DInSAR Diaplcement 工作流处理结束，得到的主影像区域形变数据自动进行密度分割配色，主影像区域形变结果如图 97 所示。由图 97 可知，sentinel 卫星数据远大于研究区域，对 sentinel 整景卫星数据进行 DInSAR 处理，整景卫星数据范围内大部分没有形变的区域都参与处理，非常容易引入一些偏差，导致结果不精确。因此，对输出的结果需进行再处理，即对整景卫星数据覆盖范围内的研究子区域进行 DInSAR 处理。

图 97　主影像区域形变结果

3.6.1 sentinel 卫星数据裁剪

打开导入后的 sentinel 卫星数据生成的主影像强度数据文件，单击 File/New/Vector Layer 选项，设置矢量文件名 subarea01，单击“OK”按钮。然后在矢量图层点击右键，选择 Save As，将矢量文件保存到默认路径下。打开 SARscape/General Tools/Sample Selections/Sample Selection SAR Geometry Data 工具，如图 98 所示。

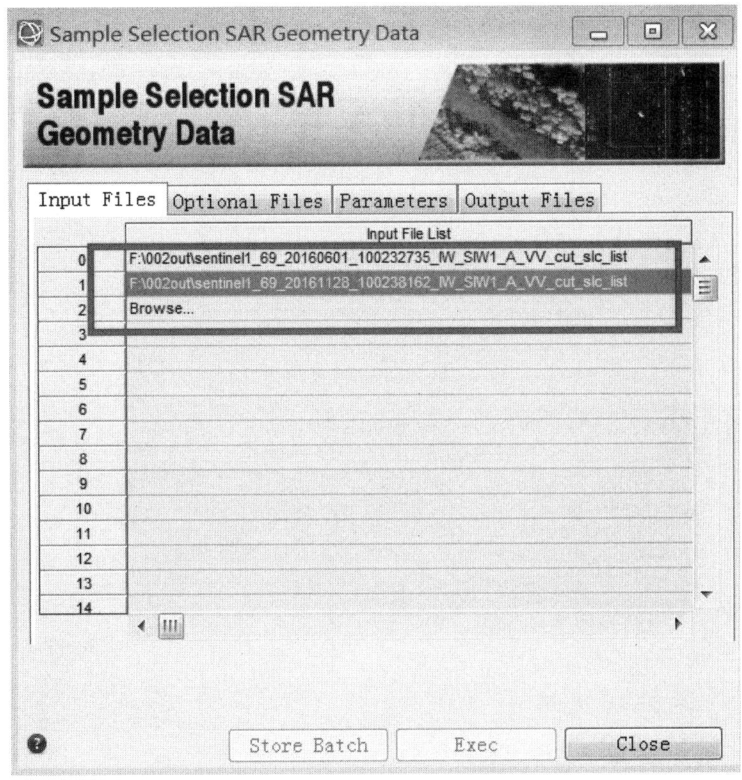

图 98　Sample Selection SAR Geometry Data 界面

在 Input File 项，输入 SAR 坐标系的主从影像的数据文件。在 Optional File 项中，Vector File 一栏输入上一步绘制的矢量文件 subarea01；DEM File 一栏不用设置 DEM，因为这里的数据范围采用斜距范围；在 Input Reference File 一栏，输入卫星数据主影像的_list_pwr 强度数据作为参考文件，参数设置如图 99 所示。在 Parameters 项，Make Coregistration（配准）选择 False，不对输入的待裁剪卫星数据进行配准处理；Geographical Region（地理范围）选择 False，代表输入的范围是斜距坐标下的范围；West/First Column、North/First Row、East/Last Column、South/Last Row 均采用默认值；Use Min and Max Coordinates（使用最大和最小坐标）选择 False，参数设置如图 100 所示。

在 Output Files 项中 Output file list 一栏，自动将裁剪后的卫星数据输出到默认的数据输出路径并自动命名，添加_cut 标识。全部参数设置好之后，单击界面下方的“Exec”执行，完成卫星数据裁剪任务。裁剪之后的 sentinel 卫星数据强度图如图 101 所示。

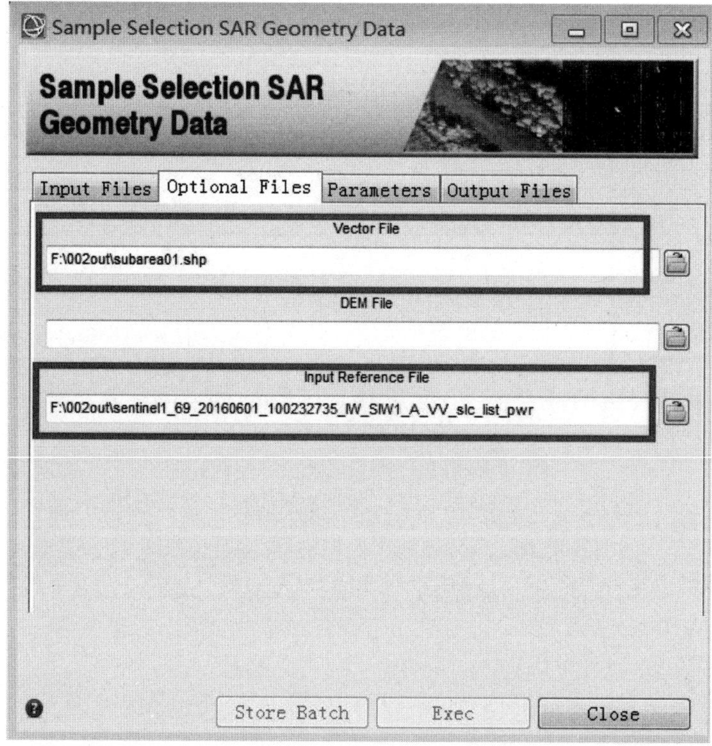

图 99　Optional File 项参数设置

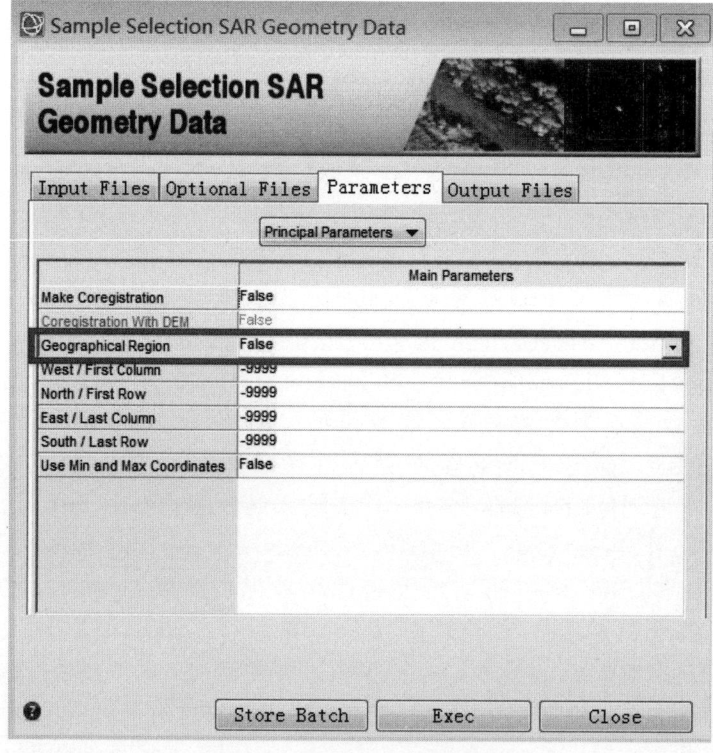

图 100　Parameters 项参数设置

图 101　研究区域卫星数据强度图

3.6.2　地面长期沉降动态分析

基于裁剪后的主从影像 slc 数据进行 DInSAR 处理，处理的参数设置与流程与前述 DInSAR 处理相同。

相位转形变以及地理编码处理后，得到的重采样到制图输出分辨率上的参考 DEM 数据_slc_out_disp_dem 如图 102 所示，得到的 LOS 方向上的形变_slc_out_disp 如图 103 所示。

图 102　研究区重采样到制图输出分辨率上的参考 DEM

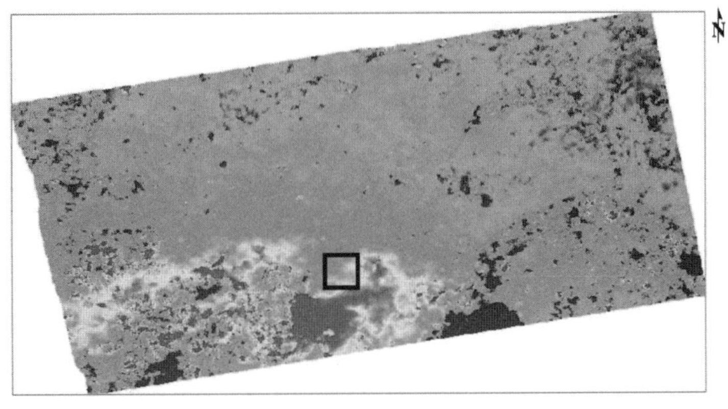

图 103　研究区 LOS 方向上的形变

DInSAR 处理时，最终结果输出文件名称为：

sentinel1_69_20160601_100232735_IW_SIW1_A_VV_cut_slc_list_out_disp。

DInSAR Diaplcement 流程处理完毕后，产生的研究区域的形变数据自动进行密度分割配色显示，研究区域的最终形变数据如图 104～图 106 所示。

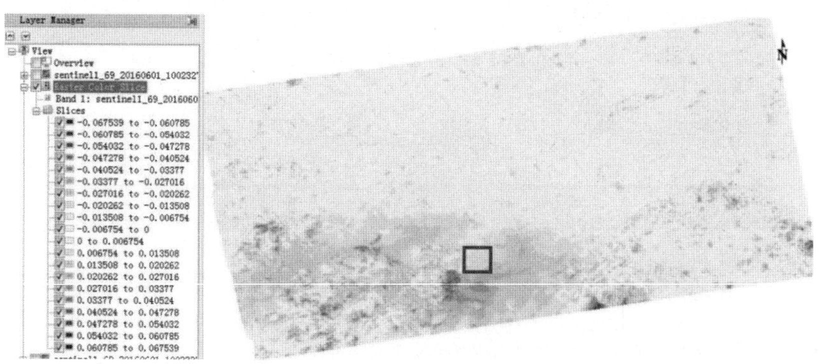

图 104　研究区域的最终形变数据 1

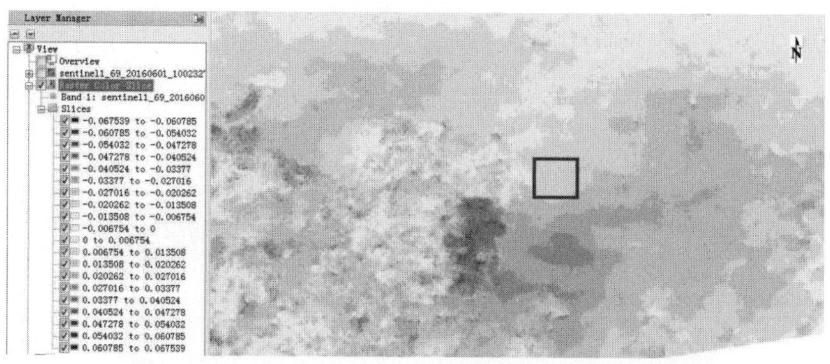

图 105　研究区域的最终形变数据 2

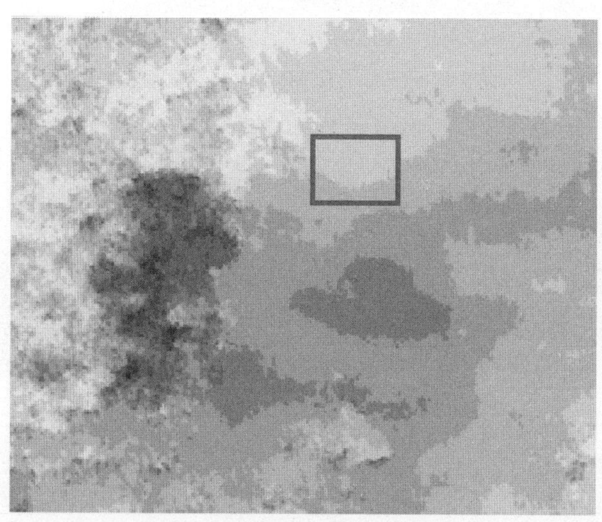

图 106　研究区域的最终形变数据 3

研究区卫星数据 DEM 与形变区域对比如图 107 所示，研究区形变量值如图 108 所示，可知，2016 年 6 月 1 日卫星影像数据显示，研究区杭州地铁 1 号线武林广场站—定安路站区间最大沉降为 27.76mm，最小沉降为 14.71mm，平均沉降为 21.33mm。

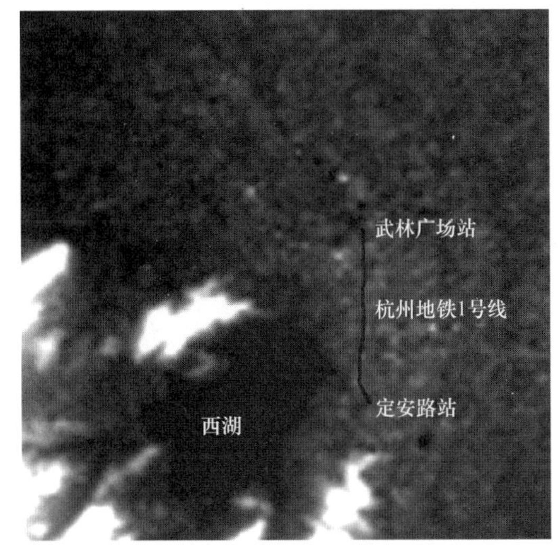

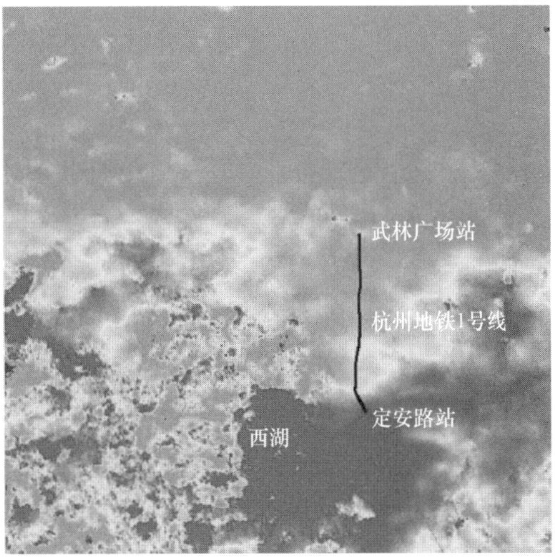

图 107 研究区卫星数据 DEM 与形变区域对比

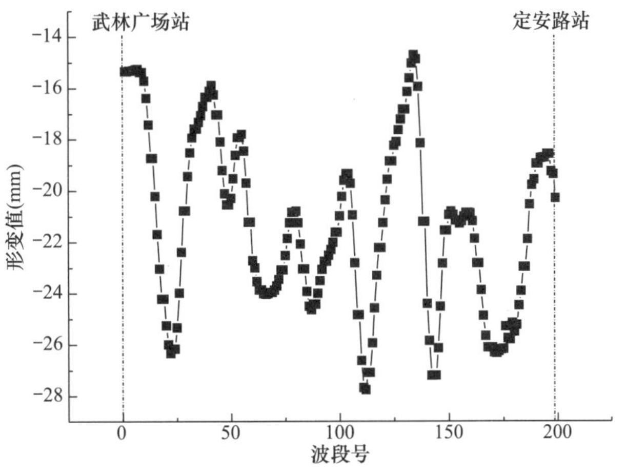

图 108 研究区形变量值

3.7 多景影像数据地面长期沉降动态分析

选取 sentinel 卫星 20161128 数据、20170608 数据作为主影像数据进行 DInSAR 处理。

(1) 20161128 卫星数据

裁剪后的研究区图像强度数据如图 109 所示。

主从影像卫星数据基线估算结果如下：

Normal Baseline(m)=−72.399

Critical Baseline min-max(m)=[−5724.389]−[5724.389]

图 109　裁剪后的研究区图像强度数据

Range Shift(pixels)＝－3.134

Azimuth Shift(pixels)＝1349.664

Slant Range Distance(m)＝888370.425

Absolute Time Baseline(Days)＝192

Doppler Centroid diff.(Hz)＝35.440

Critical min-max(Hz)＝[－486.486]－[486.486]

2 PI Ambiguity height(InSAR)(m)＝220.876

2 PI Ambiguity displacement(DInSAR)(m)＝0.028

1 Pixel Shift Ambiguity height(Stereo Radargrammetry)(m)＝18553.571

1 Pixel Shift Ambiguity displacement(Amplitude Tracking)(m)＝2.330

Master Incidence Angle＝40.471Absolute Incidence Angle difference＝0.005

Pair potentially suited for Interferometry,check the precision plot

基线估算的结果显示，这两景数据的空间基线为 72.399m，远小于临界基线 5724.389m，时间基线 192d，DInSAR 处理时的一个相位变化周期代表的地形变化是 0.028m。

干涉图生成处理，去平后的干涉图 INTERF_out_dint 如图 110 所示。

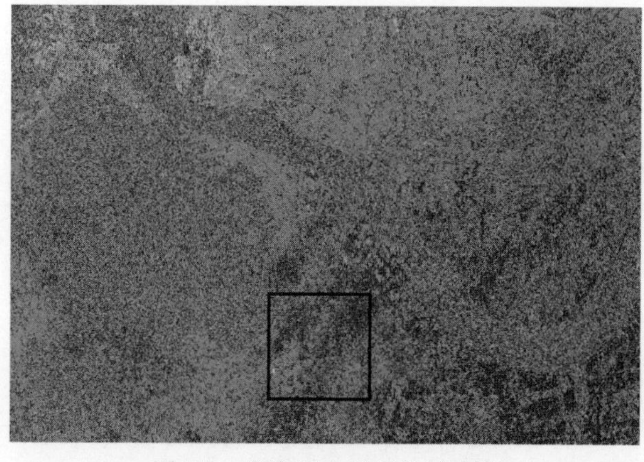

图 110　研究区去平后的干涉图

滤波和相干性计算，Filtering Method 选择 Goldstein，以提高干涉条纹的清晰度，减少由空间基线或时间基线引起的失相干的噪声。研究区滤波后的干涉图 INTERF_out_fint 如图 111 所示，相干性系数图 INTERF_out_cc 如图 112 所示。

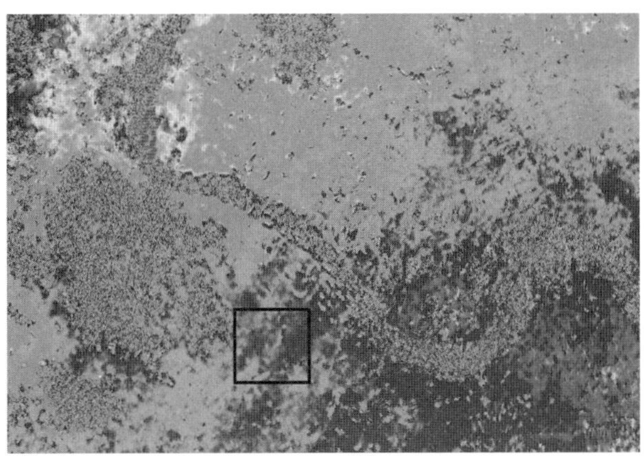

图 111　研究区滤波后的干涉图

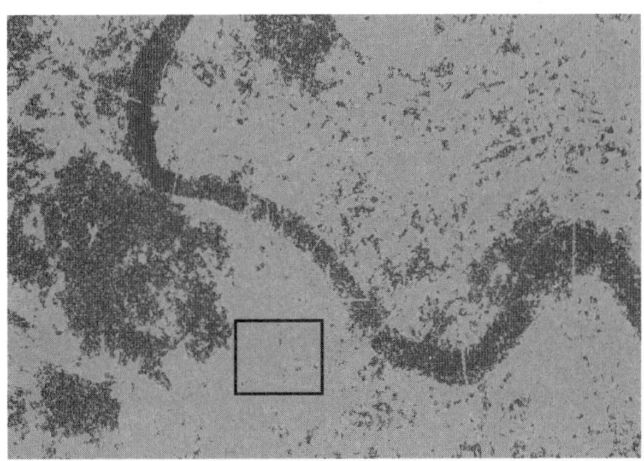

图 112　研究区相干性系数图

相位解缠处理，Unwrapping Method Type（解缠方法）选用 Minimum Cost Flow，该法采用正方形的格网，考虑了图像上所有的像元，对相干性小于阈值的像元做了掩膜处理。相位解缠结果 INTERF_out_upha 如图 113 所示。

控制点选择处理时，选取 45 个点。然后进行轨道精炼和重去平处理。

研究区轨道精炼和重去平处理优化结果如下：

ESTIMATE A RESIDUAL RAMP

Points selected by the user=45

Valid points found=45

Extra constrains=2

Polynomial Degree choose=3

Polynomial Type：=k0+k1 * rg+k2 * az

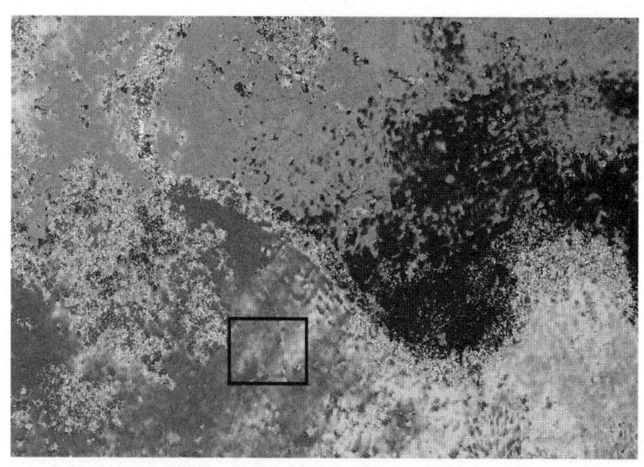

图 113　研究区相位解缠结果

Polynomial Coefficients(radians)：

k0=－15.1480856401

k1=0.0011281454

k2=0.0020073840

Root Mean Square error(m)=19.5676473461

Mean difference after Remove Residual refinement(rad)=－0.3049969457

Standard Deviation after Remove Residual refinement(rad)=0.7485218294

研究区重去平后的解缠结果 INTERF_out_reflat_upha 如图 114 所示，重去平后的干涉图 INTERF_out_reflat_fint 如图 115 所示。

相位转形变以及地理编码处理，Product Coherence Threshold（相干性阈值）选择 0.2，Vertical Displacement（垂直方向的形变）选择 False，地理编码参数，Dummy Removal（去除图像外的无用值）选择 True，对图像外的区域做掩膜处理。研究区 LOS 方向上的形变如图 116 所示。

结果输出，文件命名为：

sentinel1_69_20161128_100238162_IW_SIW1_A_VV_cut_slc_list_out

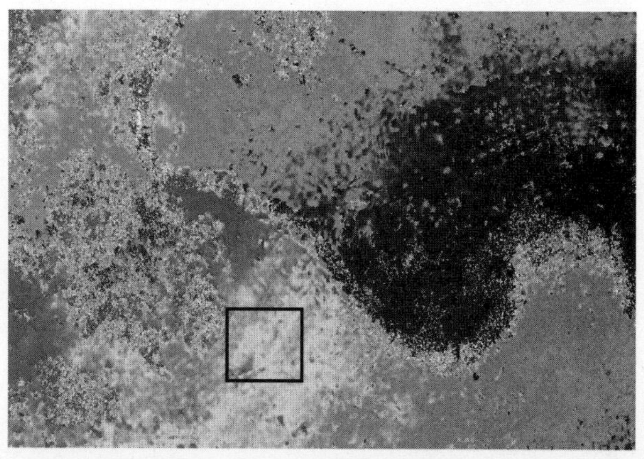

图 114　研究区重去平后的解缠结果

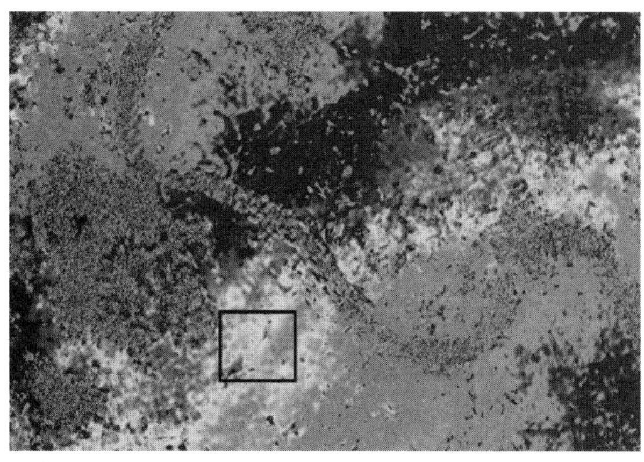

图 115　研究区重去平后的干涉图

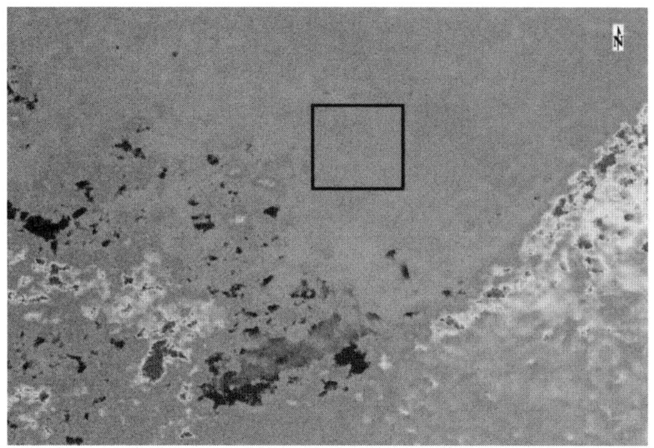

图 116　研究区 LOS 方向上的形变

研究区产生的形变数据自动进行密度分割配色，如图 117 所示。研究区域形变图如图 118、图 119 所示。

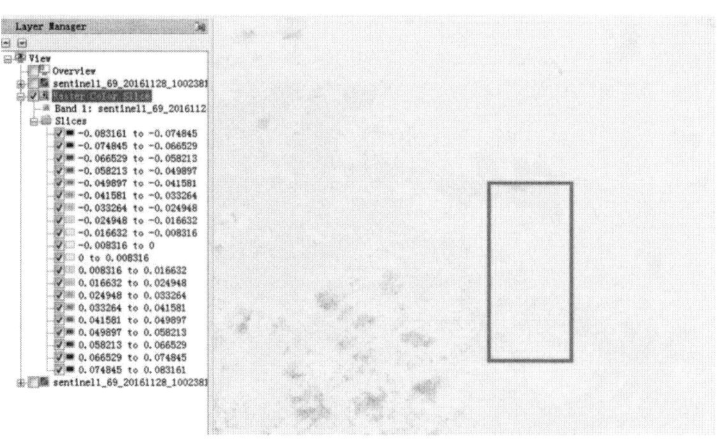

图 117　研究区密度分割配色后的形变图

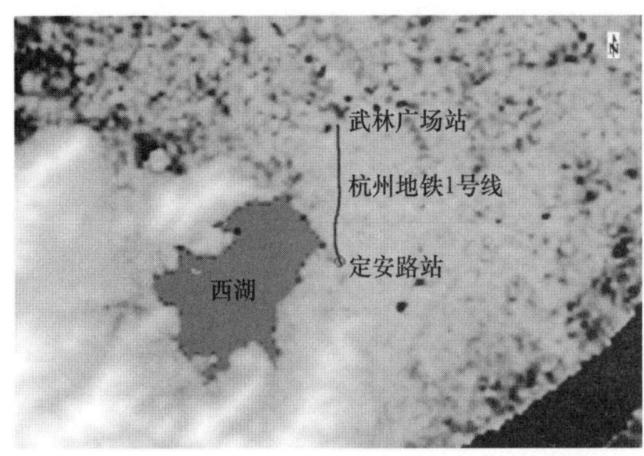

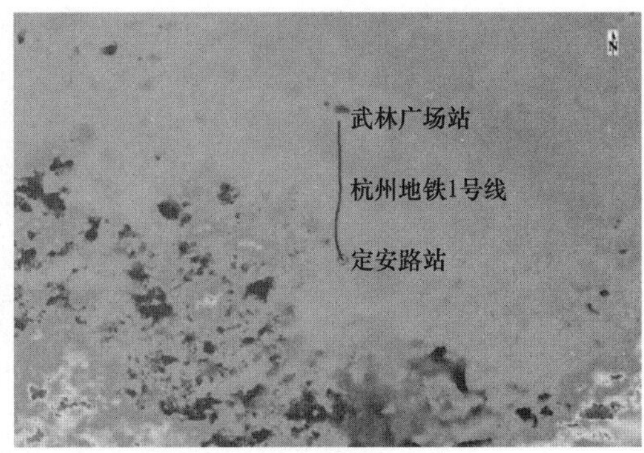

图 118　研究区域 DEM 与形变对比图

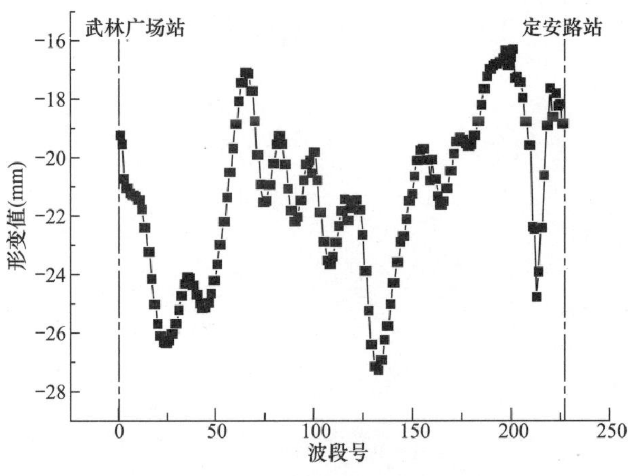

图 119　研究区形变量值图

由以上图形分析，2016 年 11 月 28 日卫星影像数据显示，研究区杭州地铁 1 号线武林广场站—定安路站，区间最大沉降为 27.29mm，最小沉降为 16.31mm，平均沉降为 21.40mm。

(2) 20170608 卫星数据

裁剪后的研究区图像强度数据如图 120 所示。

图 120　裁剪后的研究区图像强度数据

主从影像卫星数据基线估算结果如下：

Normal Baseline(m)＝32.085

Critical Baseline min-max(m)＝[－5696.855]－[5696.855]

Range Shift(pixels)＝17.253

Azimuth Shift(pixels)＝－12.186

Slant Range Distance(m)＝887091.496

Absolute Time Baseline(Days)＝156

Doppler Centroid diff. (Hz)＝－41.941

Critical min-max(Hz)＝[－486.486]－[486.486]

2 PI Ambiguity height(InSAR)(m)＝496.564

2 PI Ambiguity displacement(DInSAR)(m)＝0.028

1 Pixel Shift Ambiguity height(Stereo Radargrammetry)(m)＝41711.406

1 Pixel Shift Ambiguity displacement(Amplitude Tracking)(m)＝2.330

Master Incidence Angle＝40.362Absolute Incidence Angle difference＝0.001

Pair potentially suited for Interferometry，check the precision plot

基线估算的结果显示，这两景数据的空间基线为 32.085m，远小于临界基线 5696.855m，时间基线 156d，DInSAR 处理时的一个相位变化周期代表的地形变化是 0.028m。

干涉图生成处理，去平后的干涉图 INTERF_out_dint 如图 121 所示。

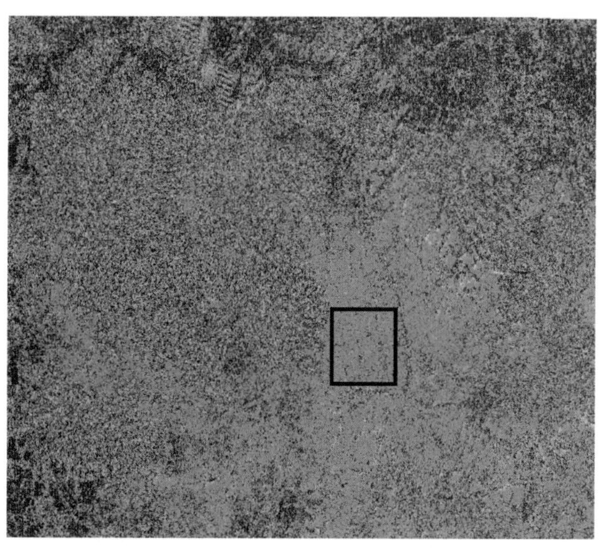

图 121　研究区去平后的干涉图

滤波和相干性计算，Filtering Method 选择 Goldstein，研究区滤波后的干涉图 INTERF_out_fint 如图 122 所示，相干性系数图 INTERF_out_cc 如图 123 所示。

相位解缠处理，相位解缠结果 INTERF_out_upha 如图 124 所示。

控制点选择处理时，选取 45 个点。然后进行轨道精炼和重去平处理。

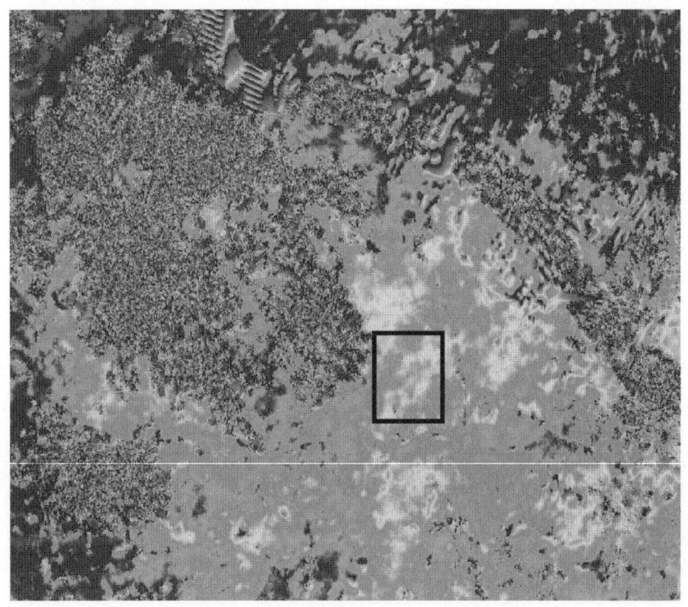

图 122　研究区滤波后的干涉图

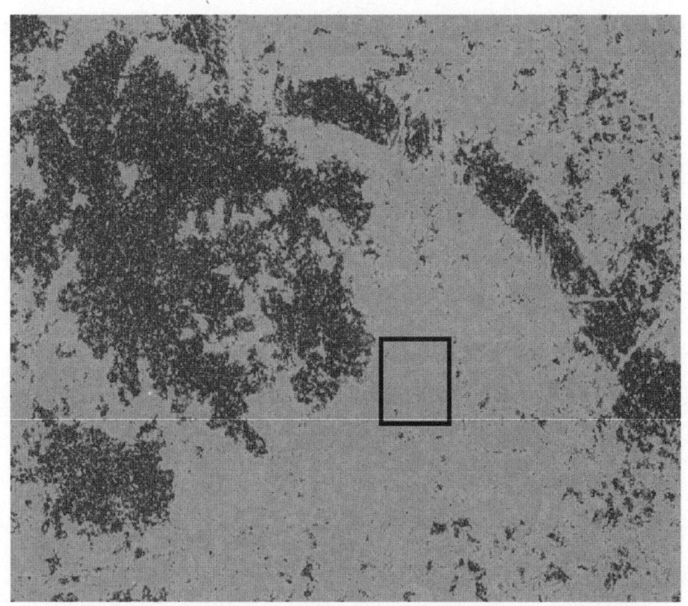

图 123　研究区相干性系数图

研究区轨道精炼和重去平处理优化结果如下：

ESTIMATE A RESIDUAL RAMP

Points selected by the user＝45

Valid points found＝45

Extra constrains＝2

Polynomial Degree choose＝3

Polynomial Type：＝k0＋k1 ∗ rg＋k2 ∗ az

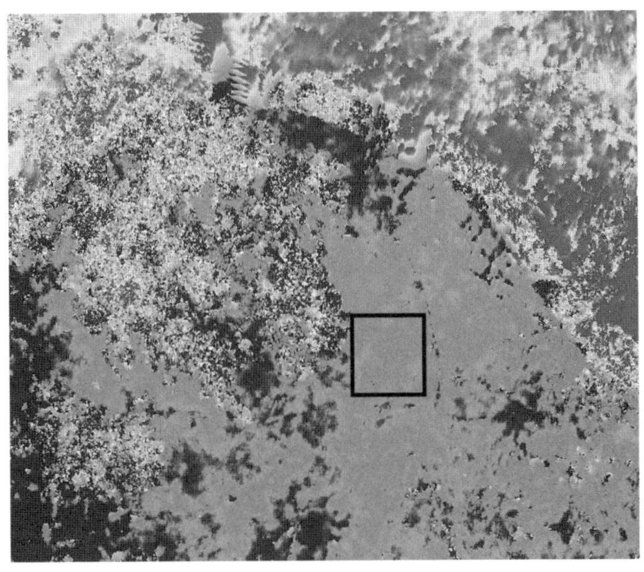

图 124　研究区相位解缠结果

Polynomial Coefficients(radians)：

k0＝－0.3540855931

k1＝0.0006071916

k2＝－0.0005001417

Root Mean Square error(m)＝21.0390750806

Mean difference after Remove Residual refinement(rad)＝0.0480532574

Standard Deviation after Remove Residual refinement(rad)＝0.2725331736

研究区重去平后的解缠结果 INTERF_out_reflat_upha 如图 125 所示，重去平后的干涉图 INTERF_out_reflat_fint 如图 126 所示。

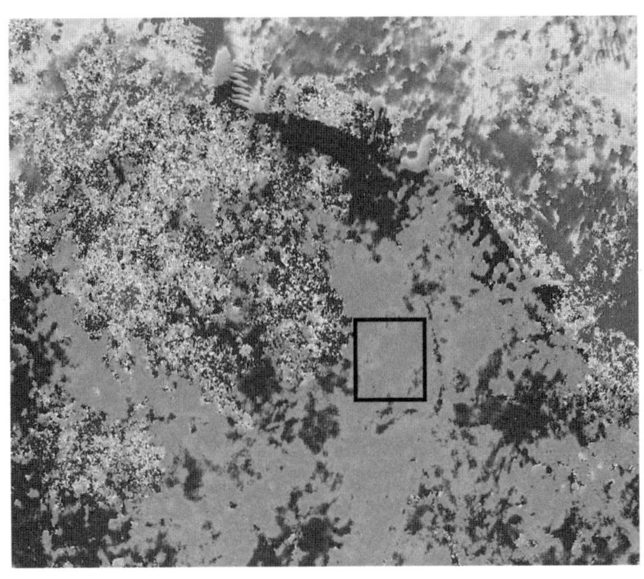

图 125　研究区重去平后的解缠结果

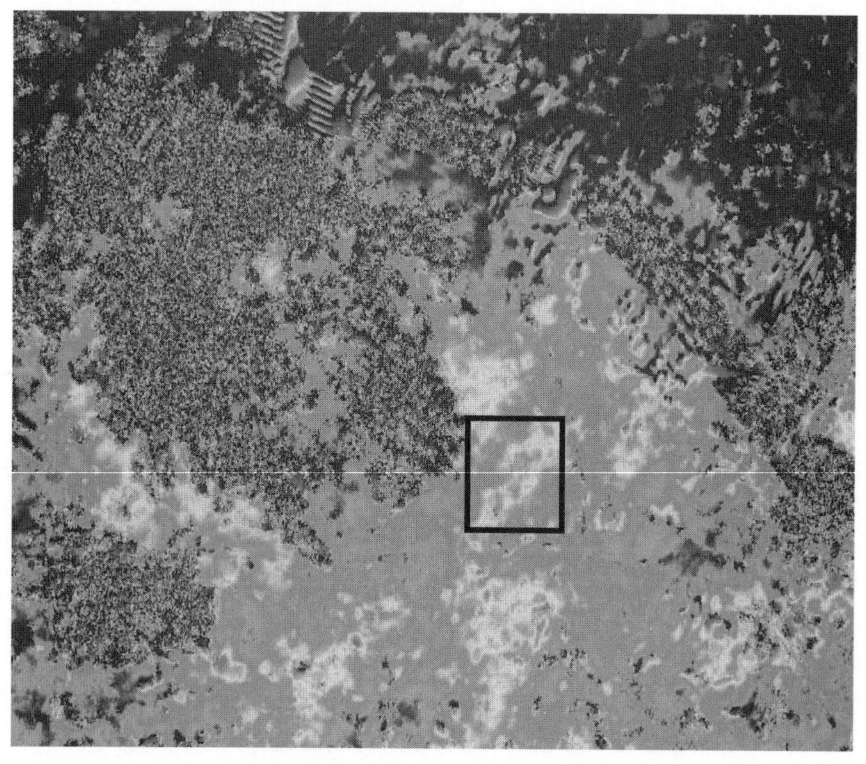

图 126　研究区重去平后的干涉图

相位转形变以及地理编码处理，获得研究区 LOS 方向上的形变如图 127 所示。

结果输出，文件命名为：

sentinel1_69_20170608_100236128_IW_SIW1_A_VV_cut_slc_list_out

研究区产生的形变数据自动进行密度分割配色，如图 128 所示。研究区域形变图如图 129、图130 所示。

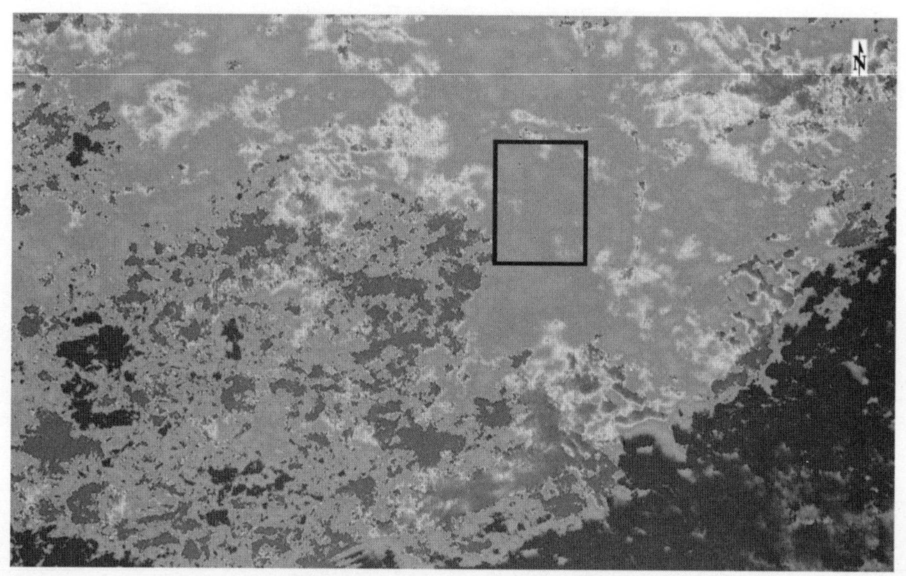

图 127　研究区 LOS 方向上的形变

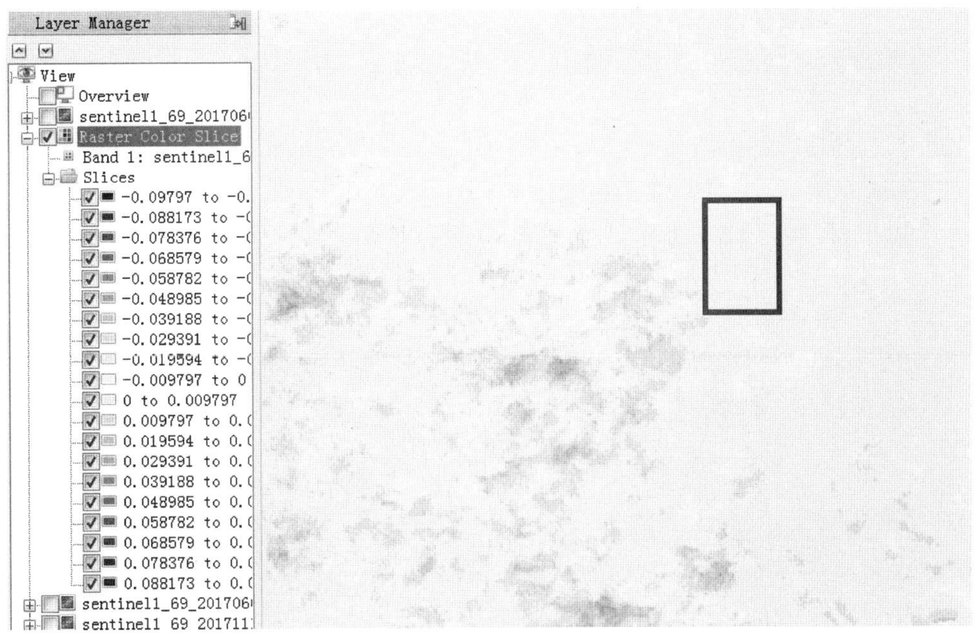

图 128　研究区密度分割配色后的形变图

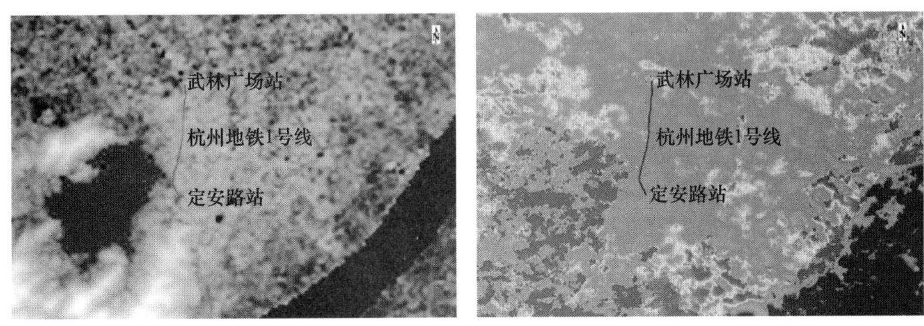

图 129　研究区域 DEM 与形变对比图

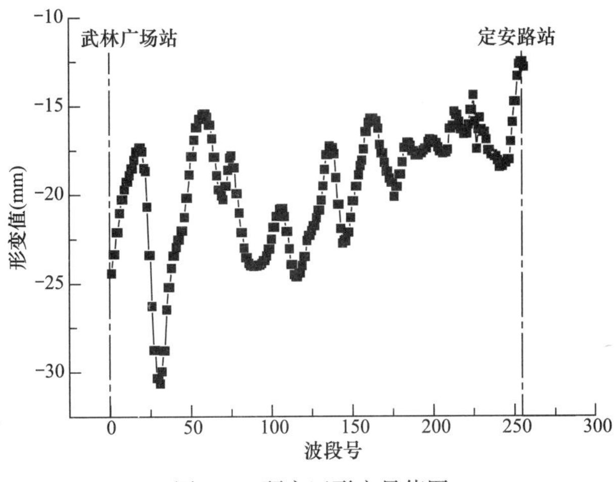

图 130　研究区形变量值图

由以上图形分析，2017 年 6 月 8 日卫星影像数据显示，研究区杭州地铁 1 号线武林广场站—定安路站，区间最大沉降为 30.64mm，最小沉降为 12.53mm，平均沉降为 19.57mm。

（3）20170912 卫星数据

裁剪后的研究区主图像强度数据如图 131 所示，文件名称为：

sentinel1_69_20170912_100241035_IW_SIW1_A_VV_cut_slc_list_pwr

图 131　裁剪后的研究区图像强度数据

主从影像卫星数据基线估算结果如下：

Normal Baseline(m)=62.652

Critical Baseline min-max(m)=[−5735.316]−[5735.316]

Range Shift(pixels)=1.486

Azimuth Shift(pixels)=−4.024

Slant Range Distance(m)=888815.371

Absolute Time Baseline(Days)=60

Doppler Centroid diff. (Hz)=−9.142

Critical min-max(Hz)=[−486.486]−[486.486]

2 PI Ambiguity height(InSAR)(m)=255.598

2 PI Ambiguity displacement(DInSAR)(m)=0.028

1 Pixel Shift Ambiguity height(Stereo Radargrammetry)(m)=21470.270

1 Pixel Shift Ambiguity displacement(Amplitude Tracking)(m)=2.330

Master Incidence Angle=40.516 Absolute Incidence Angle difference=0.004

Pair potentially suited for Interferometry, check the precision plot

基线估算的结果显示，这两景数据的空间基线为 62.652m，远小于临界基线 5735.316m，时间基线 60d，DInSAR 处理时的一个相位变化周期代表的地形变化是 0.028m。

干涉图生成处理，去平后的干涉图 INTERF_out_dint 如图 132 所示。

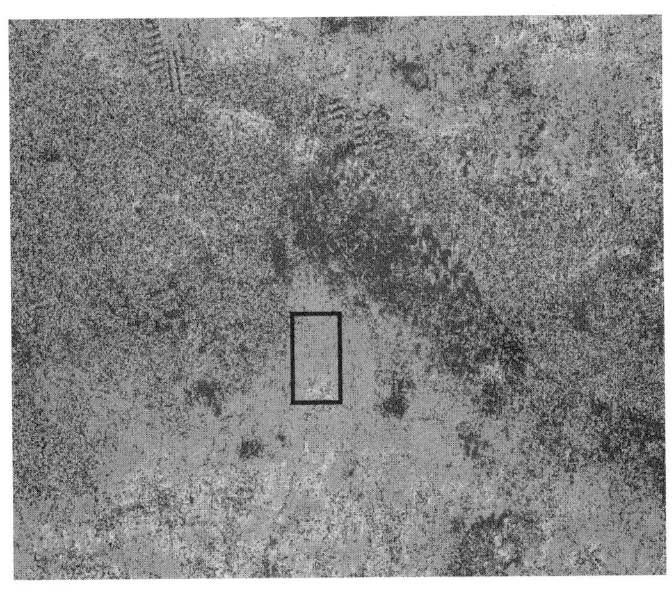

图 132 研究区去平后的干涉图

滤波和相干性计算，Filtering Method 选择 Goldstein，研究区滤波后的干涉图 INTERF_out_fint 如图 133 所示，相干性系数图 INTERF_out_cc 如图 134 所示。

相位解缠处理，相位解缠结果 INTERF_out_upha 如图 135 所示。

控制点选择处理时，选取 45 个点，然后进行轨道精炼和重去平处理。

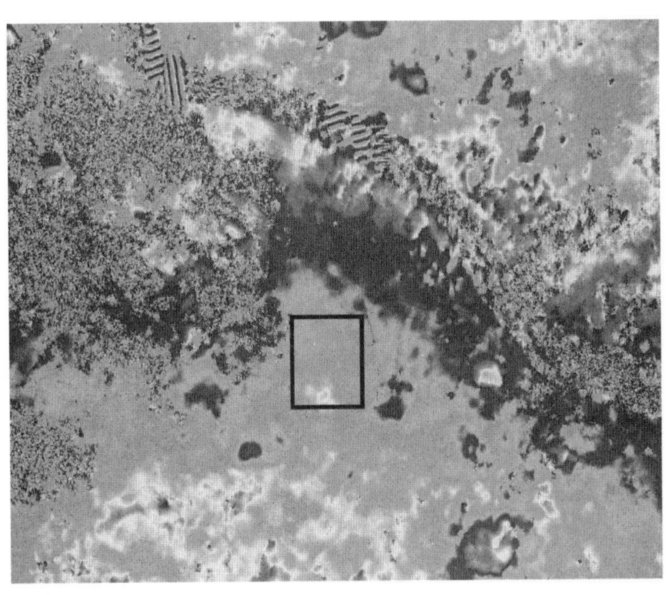

图 133 研究区滤波后的干涉图

研究区轨道精炼和重去平处理优化结果如下：

ESTIMATE A RESIDUAL RAMP

Points selected by the user=45

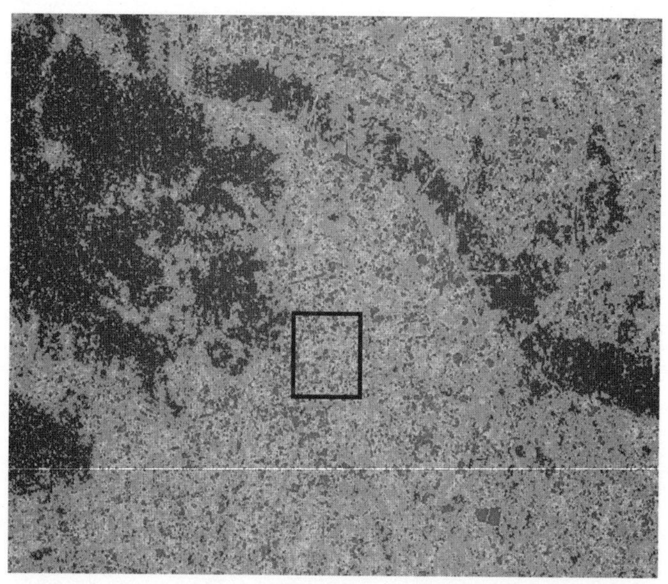

图 134　研究区相干性系数图

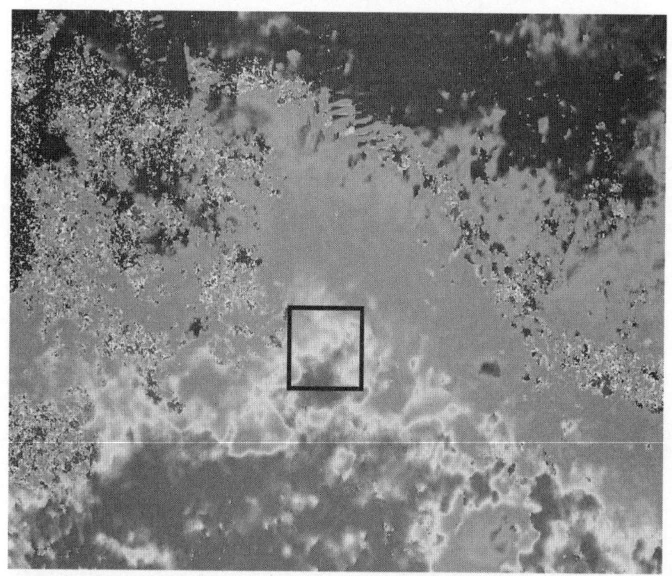

图 135　研究区相位解缠结果

Valid points found＝45

Extra constrains＝2

Polynomial Degree choose＝3

Polynomial Type：＝k0＋k1＊rg＋k2＊az

Polynomial Coefficients(radians)：

k0＝5.2496764140

k1＝－0.0034832204

k2＝0.0038019155

Root Mean Square error(m)=15.5242122480

Mean difference after Remove Residual refinement(rad)=−0.1536888731

Standard Deviation after Remove Residual refinement(rad)=0.4432938379

研究区重去平后的解缠结果 INTERF_out_reflat_upha 如图 136 所示，重去平后的干涉图 INTERF_out_reflat_fint 如图 137 所示。

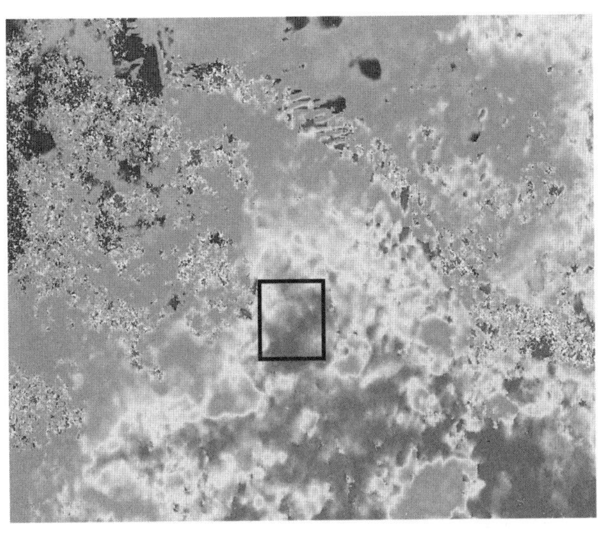

图 136 研究区重去平后的解缠结果

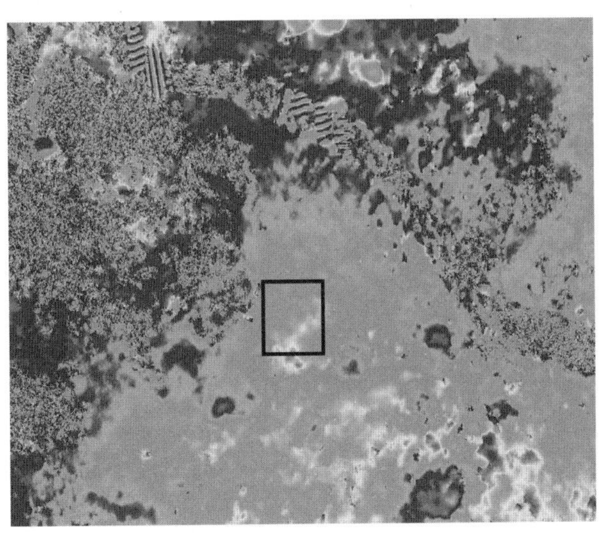

图 137 研究区重去平后的干涉图

相位转形变以及地理编码处理，获得研究区 LOS 方向上的形变如图 138 所示。

结果输出，文件命名为：

sentinel1_69_20170912_100241035_IW_SIW1_A_VV_cut_slc_list_out_disp

研究区产生的形变数据自动进行密度分割配色，如图 139 所示。研究区域形变图如图 140、图141 所示。

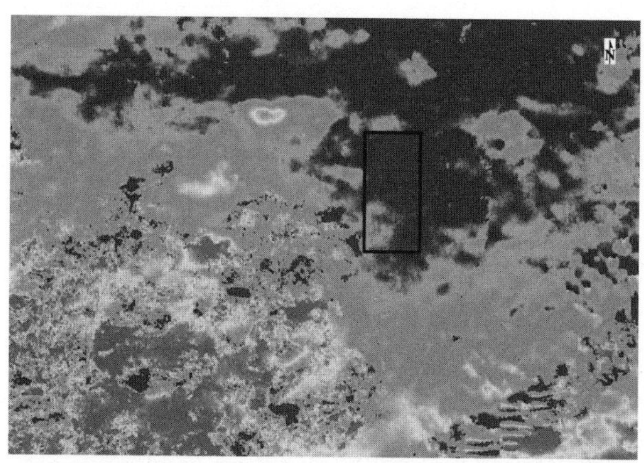

图 138　研究区 LOS 方向上的形变

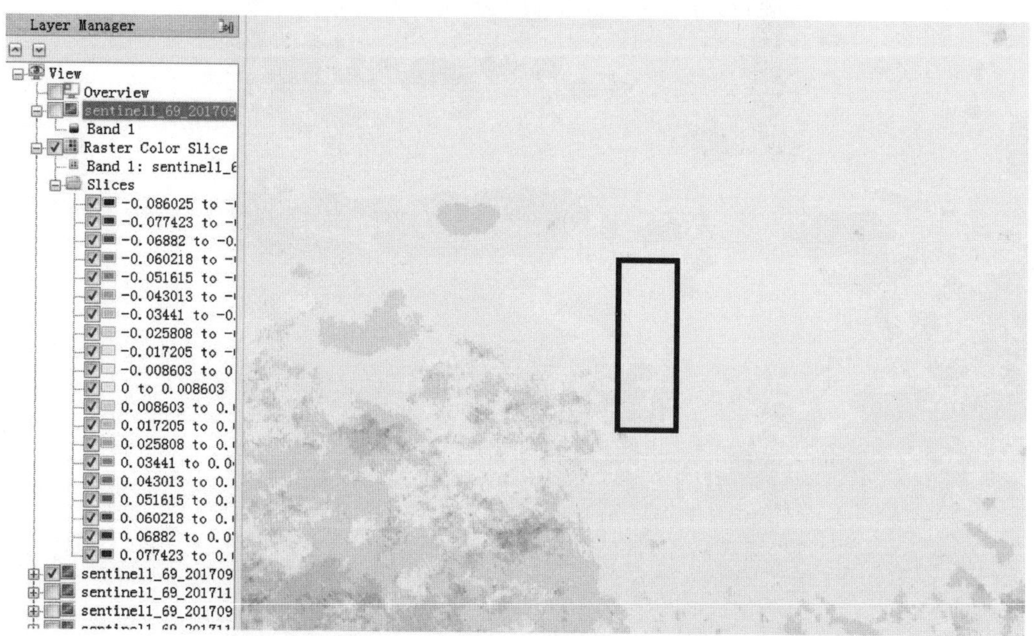

图 139　研究区密度分割配色后的形变图

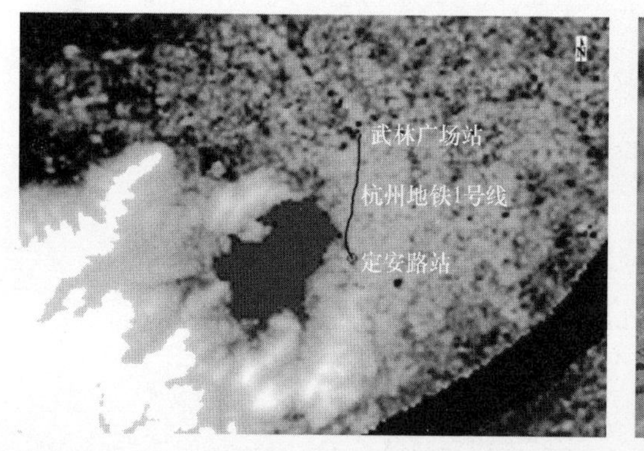

图 140　研究区域 DEM 与形变对比图

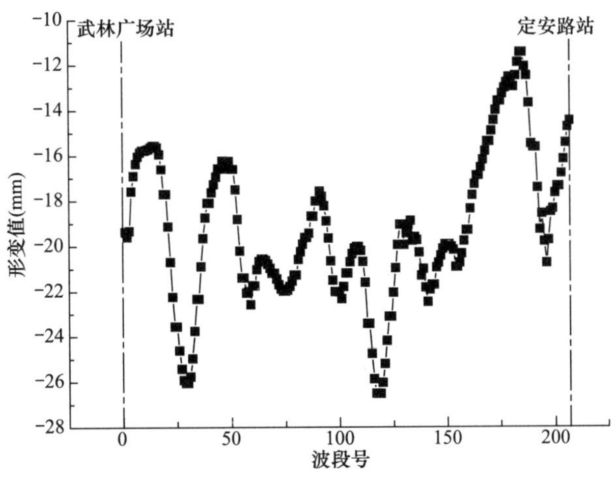

图 141　研究区形变量值图

由以上图形分析，2017 年 9 月 12 日卫星影像数据显示，研究区杭州地铁 1 号线武林广场站—定安路站，区间最大沉降为 26.53mm，最小沉降为 11.45mm，平均沉降为 19.27mm。

4 城市高密集区地铁运营期地面长期沉降预警体系研究

4.1 城市高密集区地铁运营期地面长期沉降影响因素

国内外学者对地铁运营期隧道结构的长期沉降研究较多，如姜洲等[43]分析了地铁行车速度对盾构隧道运营沉降的影响，指出随着列车运行速度增大，隧道差异沉降的影响愈加明显。张冬梅，李钰[44]研究了地铁荷载引起的盾构隧道及土层长期沉降，指出地铁荷载是影响隧道长期沉降的重要因素之一。杨兵明，刘保国[45]分析了地铁列车循环荷载下软土地区盾构隧道的长期沉降，指出列车循环荷载的大小对土的累积塑性变形和稳定有显著的影响。高广运等[46]分析了地铁循环荷载作用下交叉隧道的沉降，认为列车荷载引起的地基沉降主要集中在距隧道中心轴 20m 范围内。张震[33]对隧道结构长期沉降的成因进行了分析，主要有 8 个方面，分别是地面区域性沉降、地质条件、盾构施工中对土体的扰动、管片局部渗漏、隧道上方地面超载、运营中列车的交通荷载、隧道周边邻近区域的施工、隧道穿越施工，指出上海地铁隧道的沉降与地面沉降之间存在一定的联系和规律，凡地面沉降量大的区域，经过此区域的地铁隧道沉降量也比较大，隧道上方地面荷载增加会引起沉降以及不均匀沉降。黄大维等[47]分析了软土地区地铁不同结构间差异沉降特点，指出引起盾构隧道长期沉降的因素有很多，包括结构设计、隧道施工、地铁运营、周边环境等。狄宏规等[48]研究了软土地区地铁隧道不均匀沉降的特征，认为不均匀沉降原因是工程地质条件、地铁周边近距离建筑工程活动，指出导致西延线地下段产生较大不均匀沉降的基本因素是工程地质条件差，地铁结构下卧软土层沿线分布不均匀，另外，西延线运营后周边物业开发密集，且主要集中在沿线软土层较厚的区段，施工过程中的降水、加卸载、土体扰动等进一步加速和加剧了土体和隧道的局部沉降，导致沿线形成了多个沉降槽。在上述因素的基础上，隧道的局部渗漏和循环车载作用则将不利因素的影响进一步放大，使结构的不均匀沉降更加突出。刘峰[49]总结其他城市的地铁建设经验，表明影响地铁运营期沉降的因素包括：区域性地面沉降、沿线地质条件（土层分布、土体固结与蠕变特性）、周边建筑工程（基坑施工、桩基施工、隧道下穿施工、交通荷载和地面堆载等）、地铁运营荷载、隧道渗漏等，指出地质条件、运营荷载与隧道渗漏水是 1 号线西延线产生较大沉降和沉降差的主要影响因素，未来地铁沿线大面积工程建设，尤其是地铁沿线众多高层建筑的兴建，其施工降水、基坑工程和建成后的建筑荷载会对隧道沉降产生相当大的影响。叶耀东[50]对运营隧道纵向不均匀沉降原因进行了分析，认为隧道本身开挖后因地层损失、超孔隙水压力的消散和土体蠕变产生的瞬时沉降、固结沉降和次固结沉降、地铁周边建筑物和构筑物施工对土体扰动及对隧道的影响、地面超载、循环往复的列车动荷载、潮汐作用等都是影响因素，并指出大范围地面沉降的产生与基坑开挖中的工程降水、鳞次栉比的高层建筑荷载、轨道交通的建设和运营均有密切的关系，反过来又进一步影响地铁隧道的不均匀沉降。综上可知，地铁运营期隧道结构长期沉降的影响因素主要有：地铁列车循环荷载、隧道施工、地铁沿线地质条件、隧道渗漏水、周边建筑工程、城市区域性地面沉降、工后固结。

国内学者还开展了地铁隧道运营对地面房屋和隧道周边软黏土的长期沉降影响，以及区域地面沉降对地铁隧道长期沉降的影响。如：葛世平等[9]开展了地铁隧道运营对地面房屋的沉降影响，研究认为当地铁隧道自身沉降的同时，其导致的地面沉陷问题已经变得同等重要，指出列车振动导致的地层变形主要源于循环荷载振动下的土性变化以及孔隙水压力的变化，地铁运营前 10 年列车振动导致的地面房屋沉降约占总沉降的 80%。葛世平等[51]也开展了列车振动荷载作用下隧道周边软黏土的长期沉降，认为振动荷载、工后固结、隧道渗漏水、城市区域性地面沉降等都是沉降量的影响因素，列车振动引起的隧道竖向收敛变形较小，隧道以整体沉降为主，列车振动荷载作用下隧道长期沉降发展符合指数型增长规律。吴怀娜等[52]研究了区域地面沉降对上海地铁隧道长期沉降的影响，指出区域性地面沉降、盾构隧道施工扰动引起后期沉降、邻近工程施工扰动、隧道渗漏水及漏泥、漏砂、列车动荷载引起下卧土沉降等因素是造成上海地铁隧道持续不均匀沉降的原因。

综上可知，国内外学者对地铁运营期引起长期沉降的研究，主要集中在隧道结构的长期沉降、地面房屋的沉降、隧道周边软黏土的长期沉降以及区域地面沉降，而有关地铁运营引起地面长期沉降的研究较少涉及。国内学者张冬梅等[6]指出影响隧道地表长期沉降的因素有隧道施工状态、隧道运营期间列车运行产生的循环动荷载、隧道周围的土性特点、隧道的渗流特性；张登雨等[53]研究了盾构侧穿邻近古建筑地表长期沉降，分析了地表长期沉降的影响因素，认为建筑物荷载越大，有建筑荷载侧地表沉降越大，而无建筑侧地表沉降越小，随着建筑物荷载增大，沉降的影响范围越大。因此，城市高密集区地铁运营引起地面长期沉降的影响因素主要有：地铁运营荷载、隧道渗漏水、地表建筑物荷载、沿线地质条件、隧道施工扰动、城市区域性地面沉降。

4.2　城市高密集区地铁运营期地面长期沉降预警指标体系构建原则

选择适用的地铁运营期地面长期沉降预警指标来构建地铁运营期地面长期沉降预警指标体系是保证预警效果的关键。在分析地面长期沉降时，涉及的沉降影响因素非常多，如果将所有反映地面长期沉降的影响因素都纳入潜在的地面长期沉降预警分析中，这是非常复杂的。因此，地铁运营期地面长期沉降预警指标的选取应从以下几个方面考虑：

(1) 科学性

地铁运营期地面长期沉降的影响因素多且各因素间联系紧密，预警指标体系要客观、真实地反映各影响因素的本质内涵，尽可能科学地反映评价目标的整体概况，使预警指标体系成为一个有机整体，达到较好地度量地铁运营期地面长期沉降的目的。

(2) 可操作性和实用性

建立地铁运营期地面长期沉降预警指标体系的目的，是通过预警地面长期沉降造成的隧道渗漏水、地面房屋倒塌、管线破坏，保证工程、人员安全，降低工程造价，直接服务于地铁运营。因此，地铁运营期地面长期沉降预警指标体系应方便工程技术人员在地铁运营现场短时间内快速地对每一个地面沉降指标进行获取并赋值量化，所构建的预警指标体系必须简单、明确，尽可能用尽量少的预警指标反映地铁运营期地面的长期沉降量。

（3）定性与定量相结合

目前，对地铁运营期地面长期沉降预警指标的预警还停留在定性表述阶段，如何将地铁运营期地面长期沉降预警指标中的指标量化，一直是科研工作的重点和难点。所以选取地铁运营期地面长期沉降影响因素时要兼顾定性与定量指标相结合，尽量选择可量化的指标，对于量化较难的指标可采用定性描述的方式。

（4）代表性和全面性

地铁运营期地面长期沉降预警指标体系中的指标要具有代表性，能够充分考虑城市高密集区地铁运营期地面长期沉降对象的具体特征，选择预警对象最具典型的指标。同时，指标体系作为一个有机的整体，要考虑到全面性，尽量从不同的角度全方位反映和量测地铁运营期地面长期沉降的优劣程度，不要出现指标遗落和偏差。

4.3 城市高密集区地铁运营期地面长期沉降预警指标体系框架设计

预警指标是城市高密集区地铁运营期地面长期沉降预警的核心问题，利用不同的预警指标体系进行预警的结果也不同。城市高密集区地铁运营期地面长期沉降预警中，并非预警指标越多越好，关键是各预警指标在城市高密集区地铁运营期地面长期沉降预警中所起的作用大小。因此，为全面准确地反映城市高密集区地铁运营期地面长期沉降，需要从整体上建立统一的预警指标框架。根据城市高密集区地铁运营期地面长期沉降预警原则，借鉴 AHP 法思想，利用层次递阶系统结构能解决复杂决策问题的能力，综合城市高密集区地铁运营期地面长期沉降的实际情况，建立了城市高密集区地铁运营期地面长期沉降预警指标体系的递进层次结构模型（图 142），从而使之能清晰地反映城市高密集区地铁运营期地面长期沉降各相关预警因素的彼此关系，使决策者能够在复杂的城市高密集区地铁运营期地面长期沉降预警指标中分层次理顺主次关系，进而逐一进行比较、判断，优选出最佳预警指标，保证最终预警指标体系的完整性和有效性。

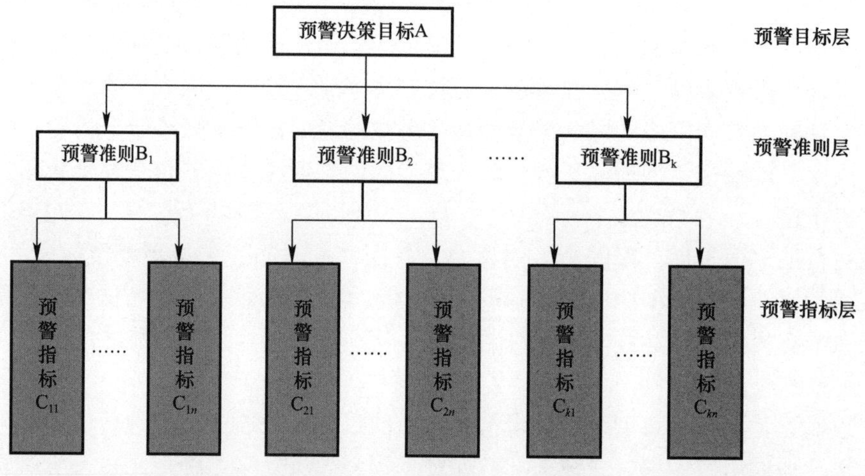

图 142　城市高密集区地铁运营期地面长期沉降预警体系递进层次结构模型

4.4 城市高密集区地铁运营期地面长期沉降预警指标体系的建立

4.4.1 城市高密集区地铁运营期地面长期沉降预警指标体系初选

现有地铁运营引起地面长期沉降的影响因素主要有 6 个：地铁运营荷载、隧道渗漏水、地表建筑物荷载、沿线地质条件、隧道施工扰动和城市区域性地面沉降。现有研究都是单一研究这些影响因素对隧道地面长期沉降的影响，不能多维度精确反映城市高密集区地铁运营期地面长期沉降的量值，缺乏建立针对地铁运营期地面长期沉降的预警指标体系和预警体系。

为全面、客观地预警地铁运营期地面长期沉降，基于以上 6 个影响因素，通过现场调研和问卷调查（图 143），认为要建立多维度精确反映城市高密集区地铁运营期地面长期沉降的预警指标体系，必须从区域性地面沉降指标、地铁运营指标和工程扰动指标 3 个方面考虑，主要考虑最大地面沉降量、平均地面沉降量、最大长期沉降速率、地质条件、最大隧道沉降量、平均隧道沉降量、隧道渗漏水程度、地铁运营荷载、地表建筑物密集程度、邻近工程施工扰动程度、隧道施工扰动程度、地表建筑物荷载 12 个指标。初步建立的城市高密集区地铁运营期地面长期沉降预警指标体系见表 7。

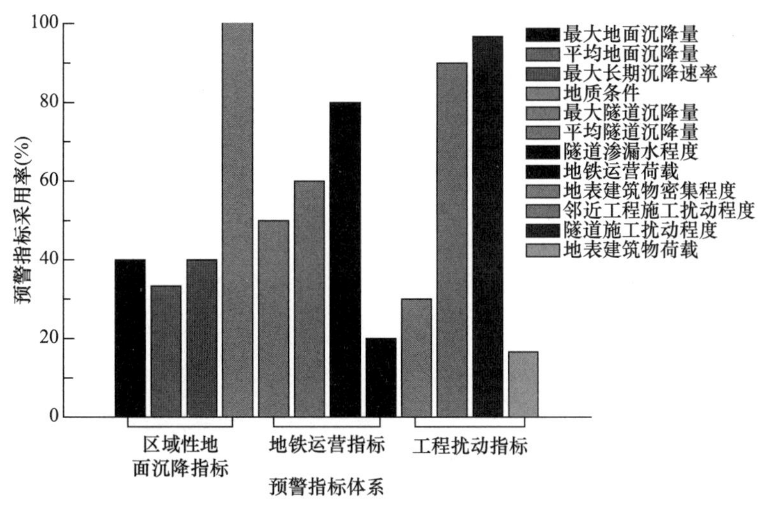

图 143 预警指标采用率

城市高密集区地铁运营期地面长期沉降预警指标体系初选 表 7

预警目标层	预警准则层	预警指标层（单位）
初选的城市高密集区地铁运营期地面长期沉降预警指标体系	区域性地面沉降指标	最大地面沉降量（mm）
		平均地面沉降量（mm）
		最大长期沉降速率（mm/d）
		地质条件

续表

预警目标层	预警准则层	预警指标层（单位）
初选的城市高密集区地铁运营期地面长期沉降预警指标体系	地铁运营指标	最大隧道沉降量（mm）
		平均隧道沉降量（mm）
		隧道渗漏水程度
		地铁运营荷载
	工程扰动指标	地表建筑物密集程度
		邻近工程施工扰动程度
		隧道施工扰动程度
		地表建筑物荷载

4.4.2 城市高密集区地铁运营期地面长期沉降预警指标体系建立

根据城市高密集区地铁运营期地面长期沉降预警指标预警的代表性、可操作性和定性与定量的结合，采用现场调查和专家咨询法以及 AHP 法综合确定预警指标体系。

（1）现场调查和专家咨询法

基于现场调查和专家咨询法对初定的 12 个预警指标重要性等级进行评估，共分 5 级，其中：Ⅰ代表非常重要（5 分），Ⅱ代表比较重要（4 分），Ⅲ代表一般重要（3 分），Ⅳ代表不太重要（2 分），Ⅴ代表很不重要（1 分）。根据初选的城市高密集区地铁运营期地面长期沉降预警指标采用率，当采用率为 100%时，预警指标直接采用，如地质条件；当采用率小于 30%时，预警指标不采用，如地铁运营荷载、地表建筑物荷载，其他采用率指标均需进行重要性等级评估，如图 144～图 152 所示。

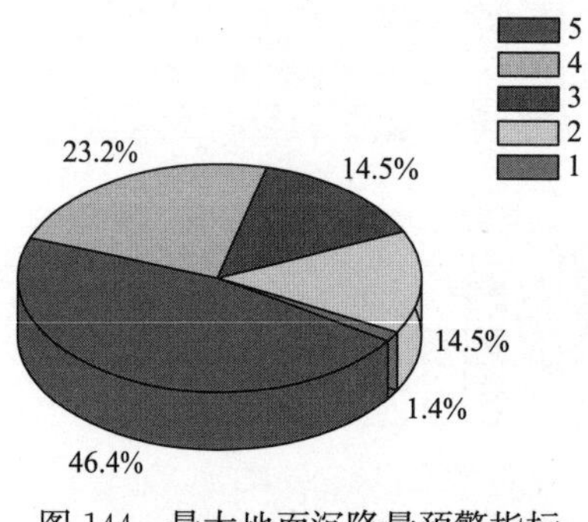

图 144 最大地面沉降量预警指标

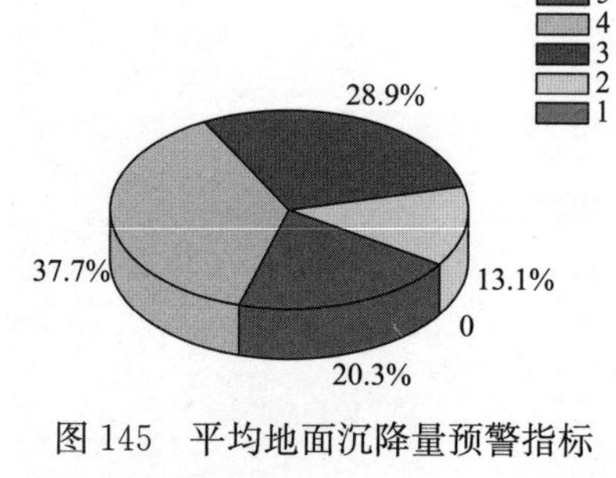

图 145 平均地面沉降量预警指标

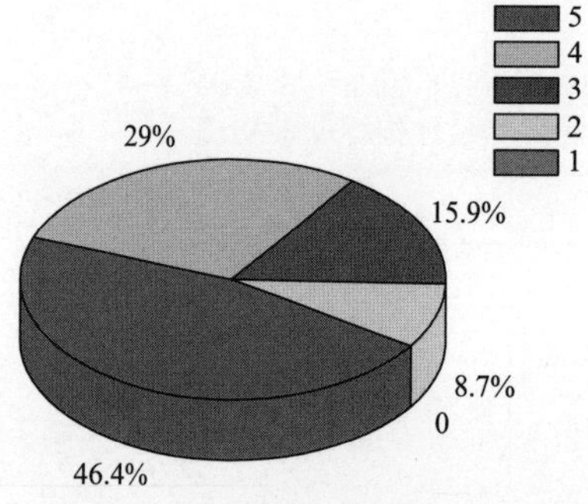

图 146 最大长期沉降速率预警指标

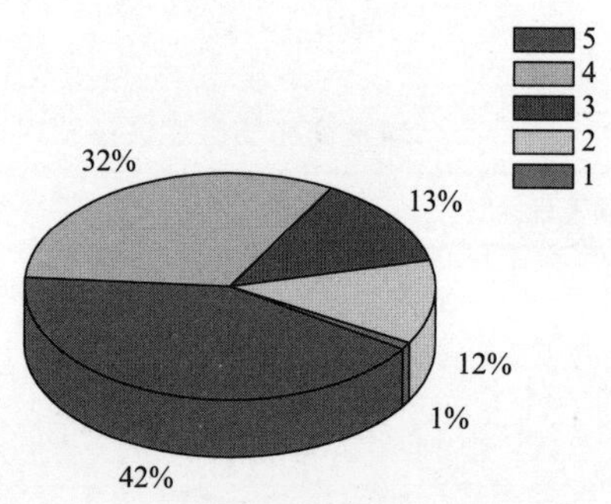

图 147 最大隧道沉降量预警指标

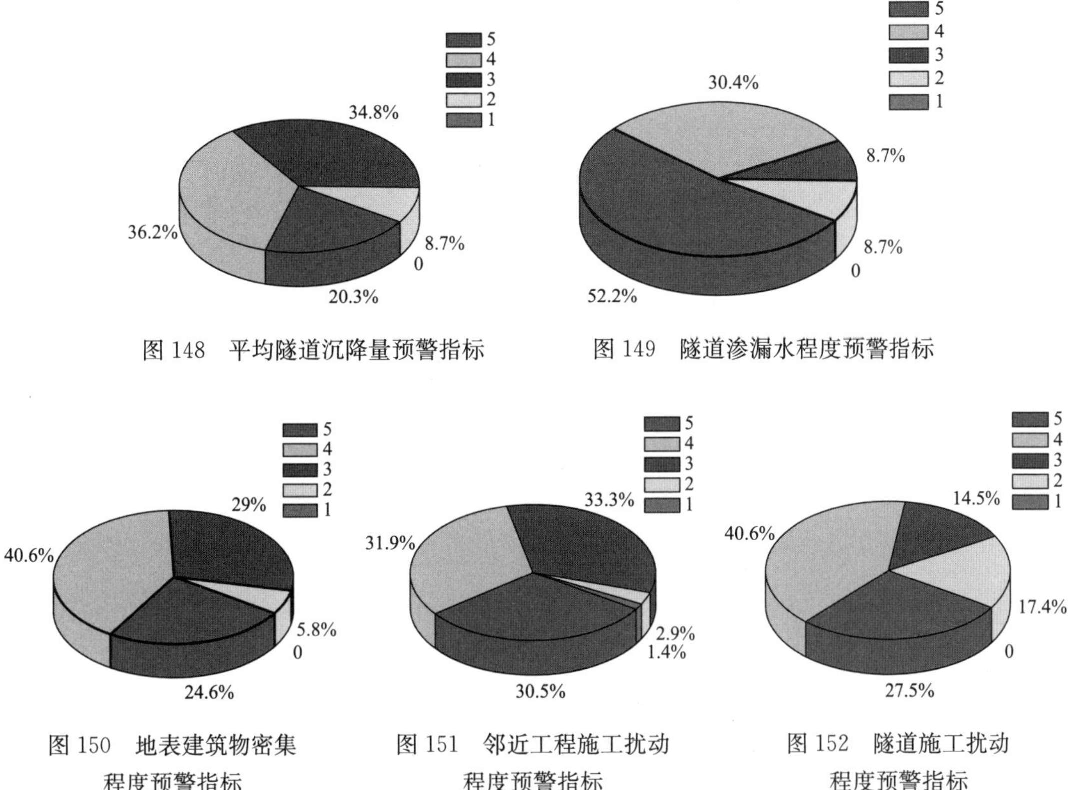

图 148 平均隧道沉降量预警指标

图 149 隧道渗漏水程度预警指标

图 150 地表建筑物密集程度预警指标

图 151 邻近工程施工扰动程度预警指标

图 152 隧道施工扰动程度预警指标

根据评价的科学性、有效性，仅列出对城市高密集区地铁运营期地面长期沉降预警为非常重要（5 分）、比较重要的指标（4 分）（指标采用率≥40％），如图 153 所示。

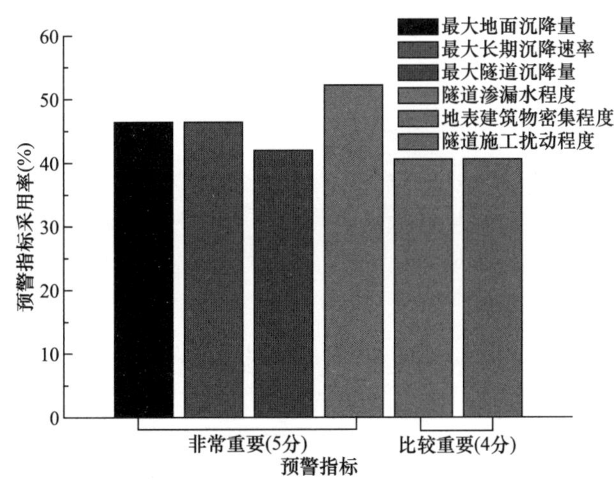

图 153 预警指标重要性分级

(2) AHP 法

基于 AHP 法对初选的城市高密集区地铁运营期地面长期沉降预警指标进行评估，建立的初选预警指标体系层次结构如图 154 所示，初选预警指标权重排序见表 8。

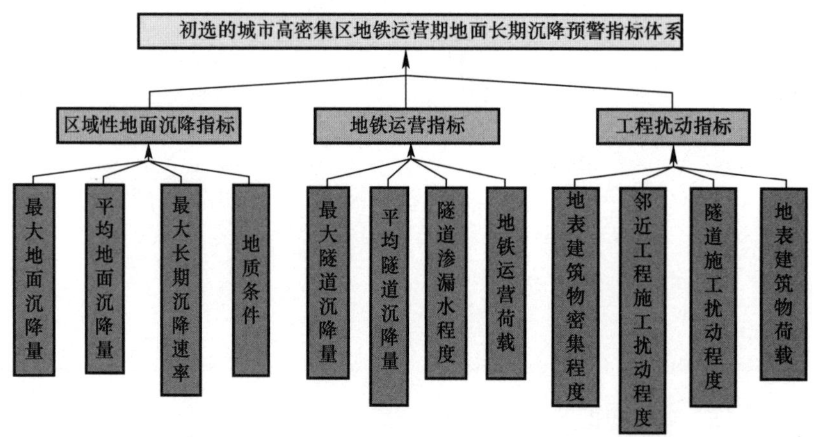

图 154　初选的预警指标体系层次结构

城市高密集区地铁运营期地面长期沉降预警指标 AHP 排序　　表 8

预警指标	权重
地质条件	0.2825
隧道渗漏水程度	0.2486
最大隧道沉降量	0.1292
最大长期沉降速率	0.0671
最大地面沉降量	0.0617
隧道施工扰动程度	0.0535
地表建筑物密集程度	0.0519
平均隧道沉降量	0.0302
邻近工程施工扰动程度	0.0235
地铁运营荷载	0.0205
平均地面沉降量	0.0173
地表建筑物荷载	0.0140

(3) 城市高密集区地铁运营期地面长期沉降预警指标体系的构建

基于指标采用率法，综合现场调查和专家咨询法以及 AHP 法，从每个预警指标中优选出对城市高密集区地铁运营期地面长期沉降最有贡献的变量，按照共性提升的原则，选取其作为城市高密集区地铁运营期地面长期沉降的预警指标。建立的城市高密集区地铁运营期地面长期沉降预警指标体系见表 9。

建立的城市高密集区地铁运营期地面长期沉降预警指标体系　　表 9

预警目标层	预警准则层	预警指标层（单位）
城市高密集区地铁运营期地面长期沉降预警指标体系	区域性地面沉降指标	最大地面沉降量（mm）
		最大长期沉降速率（mm/d）
		地质条件
	地铁运营指标	最大隧道沉降量（mm）
		隧道渗漏水程度
	工程扰动指标	地表建筑物密集程度
		隧道施工扰动程度

1）预警准则层定义如下：

① 区域性地面沉降指标，表征地铁运营区域由自然因素和人为因素引起表层土体压缩而导致地面标高缓慢降低的环境地质现象。

② 地铁运营指标，表征地铁运营区域由列车运行产生的循环动荷载对隧道结构的影响。

③ 工程扰动指标，表征地铁运营区域周边工程活动对土体和隧道局部沉降的影响。

2）预警指标层定义如下：

① 最大地面沉降量，表征在自然因素和人为因素作用下地铁运营区域表层土体压缩变形达到固结稳定时的最大竖向变形量，单位 mm。

② 最大长期沉降速率，表征地铁运营区域表层土体在单位时间内的长期沉降量，单位 mm/年。

③ 地质条件，表征地铁运营区域对地面长期沉降有影响的各种地质因素。

④ 最大隧道沉降量，表征由列车循环动荷载引起的隧道最大沉降量，单位 mm。

⑤ 隧道渗漏水程度，表征隧道在使用过程中受地下水、地层和车辆振动影响使隧道结构开裂错位而导致围岩地下水或地表水进入隧道的渗漏程度。

⑥ 地表建筑物密集程度，表征地铁运营区域地表建筑物或构筑物空间分布的聚集度。

⑦ 隧道施工扰动程度，表征地铁运营区域隧道盾构施工或矿山法施工对土体和隧道局部沉降的影响程度。

4.5 城市高密集区地铁运营期地面长期沉降预警指标权重计算

4.5.1 改进的 AHP 法原理

层次分析法（Analytic Hierarchy Process，简称 AHP）是对一些较为复杂、较为模糊的问题作出决策的简易方法[54]，它特别适用于那些难于完全定量分析的问题。本书基于传统的 AHP 法对其进行改进，利用群决策理论和指标重要性程度构造判断矩阵，其建模可分以下 4 个步骤。

（1）建立递阶层次结构模型

AHP 层次结构包括目标层（最高层）、准则层（中间层）和指标层（最低层）三层。这 3 个层次之间的支配关系不一定是完全的，有的元素即使存在也不一定支持下一层次的所有元素，而仅仅支持部分元素。这种自上而下的支配关系所形成的层次结构称为递阶层次结构。

（2）构建两两比较判断矩阵

在构建两两比较判断矩阵之前，按照 1～9 级标度对应的标度含义（表 10），对待城市高密集区地铁运营期地面长期沉降预警指标，按照预警指标体系建立时利用现场调研和专家咨询时所确定的各层次指标的重要性程度进行整体排序。针对上一层次的元素，其下一层次的元素在进行两两比较时，不是单个决策者所做的判断，而是利用多位决策者组成的专家组，通过决策者们多次共同判断，选取两两相互重要性比较采用率最高的一项作为比例标度。

标度的含义 **表10**

尺度 Y_{ij}	含义
1	Y_i 和 Y_j 的影响大致相同
3	Y_i 比 Y_j 的影响稍强一些
5	Y_i 比 Y_j 的影响强
7	Y_i 比 Y_j 的影响明显强
9	Y_i 比 Y_j 的影响很强
2，4，6，8	Y_i 比 Y_j 的影响之比在上面两个等级之间
1/2，1/4…1/9	Y_i 比 Y_j 的影响之比为上述 Y_{ij} 的互反数

对 n 个元素来说，可得到两两判断矩阵 A：

$$A=(Y_{ij})_{n\times n}$$

判断矩阵具有如下性质：

① $Y_{ij}>0$；② $Y_{ij}=1/Y_{ij}$；③ $Y_{ij}=1$。

我们称 A 为正的互反矩阵，由性质②与③可知，对于 n 阶判断矩阵只需要对其上三角共 $[n(n-1)]/2$ 个元素作出判断。

（3）计算指标权重

公式 $A\delta=\lambda_{max}\delta$ 所得到的 δ 值，经过正交化后作为元素 Y_1，Y_2，…，Y_n 在准则 X_k 下排序权重。λ_{max} 存在且唯一，δ 可由正分量组成。λ_{max} 与 δ 的计算一般用幂法。其计算步骤为：

① 设初始向量 δ_0；

② 对于 $k=1$，2，3，4，…，计算 $\bar{\delta}_k=A\delta_{k-1}$，其中 δ_{k-1} 为归一化的向量；

③ 若事先给定计算精度，令 $\max|\delta_{ki}-\delta_{(k-1)i}|<\varepsilon$，其中 δ_{ki} 表示 δ_i 的第 i 个分量，这时计算不再进行，否则对第②步重复进行计算；

④ 计算 $\lambda_{max}=\dfrac{1}{n}\sum\limits_{i=1}^{n}\dfrac{\bar{\delta}_{ki}}{\delta_{(k-1)i}}$ 和 $\delta_k=\delta_{ki}/\sum\limits_{i=1}^{n}\bar{\delta}_{kj}$，可以用和法与根法求 λ_{max} 和 δ。和法与根法计算 λ_{max} 均采用 $\lambda_{max}=\sum\limits_{i=1}^{n}\dfrac{(A\delta)_i}{n\delta_i}$，仅是计算过程不同。

（4）一致性检验

Saaty 认为 $CR<0.1$ 时，判断矩阵满足一致性要求，否则需要对构建的判断矩阵进行重新调整，直到满足一致性要求为止，其计算方法为：

$$CI=(\lambda_{max}-n)/(n-1) \tag{4.1}$$

$$CR=CI/RI \tag{4.2}$$

式中，n 为判断矩阵的阶数；CI 为计算一致性指标；RI 为平均随机一致性指标（表11）。

判断矩阵的 *RI* 值 **表11**

n	1	2	3	4	5	6	7	8	9	10	11	12
RI	0	0	0.58	0.90	1.12	1.24	1.32	1.41	1.45	1.49	1.51	1.54

4.5.2 基于改进 AHP 法的地面长期沉降预警指标权重计算

地面长期沉降预警指标权重计算步骤为：

(1) 建立递阶层次结构模型，如图155所示。

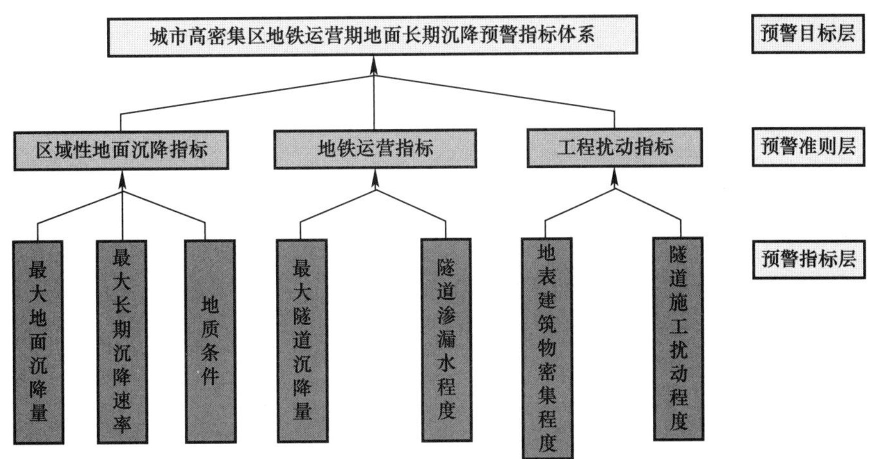

图155　预警指标体系递阶层次结构模型

(2) 构造判断矩阵并赋值，见表12～表15。

准则层—目标层的判断矩阵　　表12

预警指标体系	区域性地面沉降指标	地铁运营指标	工程扰动指标	W_i
区域性地面沉降指标	1	2	6	0.5590
地铁运营指标	0.5	1	7	0.3707
工程扰动指标	0.1667	0.1429	1	0.0702

判断矩阵一致性比例：0.0772；对总目标的权重：1.0000；$\lambda_{max}=3.0803$。

指标层—区域性地面沉降指标准则层判断矩阵　　表13

区域性地面沉降指标	最大地面沉降量	最大长期沉降速率	地质条件	W_i
最大地面沉降量	1	0.2	0.1667	0.0780
最大长期沉降速率	5	1	0.3333	0.2872
地质条件	6	3	1	0.6348

判断矩阵一致性比例：0.0904；对总目标的权重：0.5590；$\lambda_{max}=3.0940$。

指标层—地铁运营指标准则层判断矩阵　　表14

地铁运营指标	最大隧道沉降量	隧道渗漏水程度	W_i
最大隧道沉降量	1	5	0.8333
隧道渗漏水程度	0.2	1	0.1667

判断矩阵一致性比例：0.0000；对总目标的权重：0.3707；$\lambda_{max}=2.0000$。

指标层—工程扰动指标准则层判断矩阵　　表15

工程扰动指标	地表建筑物密集程度	隧道施工扰动程度	W_i
地表建筑物密集程度	1	2	0.6667
隧道施工扰动程度	0.5	1	0.3333

判断矩阵一致性比例：0.0000；对总目标的权重：0.0702；$\lambda_{max}=2.0000$。

计算出的预警指标层权重系数如图 156 所示。

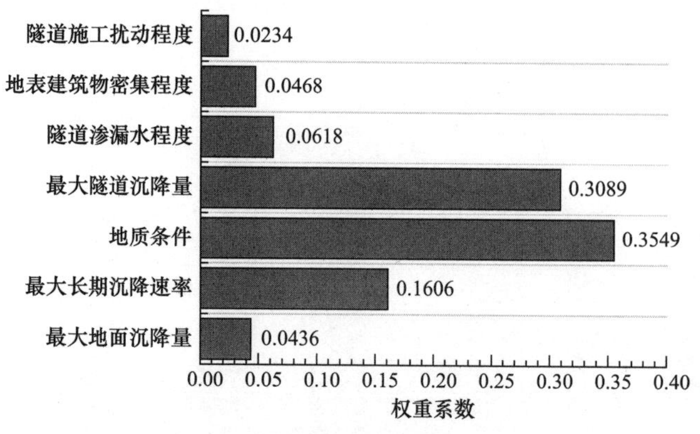

图 156　预警指标层的权重系数

从预警指标层的权重系数图可知，影响城市高密集区地铁运营期地面长期沉降的预警指标因素从区域性地面沉降、地铁运营、工程扰动三方面，按权重大小的排序依次为：

① 区域性地面沉降指标：地质条件、最大长期沉降速率、最大地面沉降量。

② 地铁运营指标：最大隧道沉降量、隧道渗漏水程度。

③ 工程扰动指标：地表建筑物密集程度、隧道施工扰动程度。

4.6　城市高密集区地铁运营期地面长期沉降预警模型

综合指数预警法操作方便、原理简单、计算合理，适合于城市高密集区地铁运营期这种复杂环境下对地面长期沉降进行快速预警。综合指数预警法主要包括 4 个步骤：①建立城市高密集区地铁运营期地面长期沉降预警指标体系；②计算城市高密集区地铁运营期地面长期沉降各预警指标的归一化值；③计算城市高密集区地铁运营期地面长期沉降各预警指标的权重系数；④计算城市高密集区地铁运营期地面长期沉降危险性预警指数 *SWI*（Long-term settlement warning system index）。利用这种方法对城市高密集区地铁运营期地面长期沉降危险性进行等级预警时，重点是要选取合理的预警指标和准确、合理确定各预警指标的权重系数。其预警指数模型为：

$$SWI=\sum_{i=1}^{n}F_i\cdot\omega_i \tag{4.3}$$

式中，*SWI* 指城市高密集区地铁运营期地面长期沉降危险性预警指数；F_i 指第 i 项指标的取值；ω_i 指第 i 项指标的权重。

根据城市高密集区地铁运营期地面长期沉降预警指标权重计算结果，可得城市高密集区地铁运营期地面长期沉降预警等级综合指数模型：

$$\begin{aligned}SWI&=\sum_{i=1}^{7}F_i\cdot\omega_i\\&=0.0436F_1+0.1606F_2+0.3549F_3+0.3089F_4+0.0618F_5\\&\quad+0.0468F_6+0.0234F_7\end{aligned} \tag{4.4}$$

式中，F_1 指最大地面沉降量；F_2 指最大长期沉降速率；F_3 指地质条件；F_4 指最大隧道沉降量；F_5 指隧道渗漏水程度；F_6 指地表建筑物密集程度；F_7 指隧道施工扰动程度。

4.7 城市高密集区地铁运营期地面长期沉降预警分级标准

国内不同学者对最大地面沉降量、最大长期沉降速率、地质条件、最大隧道沉降量、隧道渗漏水程度、地表建筑物密集程度、隧道施工扰动程度等指标的危险性程度进行了研究，如王国良，李桂玲应用层次分析法和正交试验法对地面沉降危险性程度进行了量化分析，制定的累计沉降量、沉降速率等沉降因素分级取值见表 16。浙江省采用累计地面沉降量作为分级标准（表 17），天津市的评估单位多采用沉降速率划分地面沉降危险性，见表 18。

沉降因素分级取值　　表 16

沉降因素取值 / 沉降特征	危险性小	危险性中等	危险性大
	1	2	3
沉降速率（mm/年）	<30	30～50	>50
累计沉降量（mm）	<300	300～800	>800
不均匀沉降系数	<2	2～4	>4

浙江省地面沉降危险性分级表　　表 17

累计地面沉降量（mm）	危险性分级
0～300	小
300～800	中等
>800	大

天津市地面沉降危险性分级表　　表 18

地面沉降速率（mm/年）	危险性分级
0～30	小
30～50	中等
>50	大

谢雄耀等分析了甬江沉管隧道长期沉降监测数据，认为地层条件是影响沉管隧道沉降的主要因素，软土地基隧道沉降远大于其他地基。曹奕等将隧道衬砌理想化为完全透水和完全不透水两种极端情况，研究认为隧道沉降增加量与隧道衬砌渗漏条件有关，渗漏程度越大，沉降增加量越大。严学新等选择上海 4 个典型的高层建筑及多层建筑密集区段，分析了建筑密度与地面沉降的关系，认为高层建筑较多层建筑地面沉降效应明显，建筑密度越大，地面沉降越显著。张登雨等研究认为，盾构推进不可避免地对隧道周围土体造成扰动，振动扰动范围对地表长期沉降的影响，分扰动范围为 0.8m、1.5m、3.0m 进行研究，认为随着扰动范围的增大，地表沉降随之增大。

根据北京市地方标准《地铁工程监控量测技术规程》第 7 章的规定，对于浅埋暗挖法施工的地铁区间隧道，地表沉降和拱顶下沉控制在 30mm 以内，水平收敛控制在 20mm 以内。根据上海市施行的《上海市地铁沿线建筑施工保护地铁技术管理暂行规定》，由于深基坑高楼桩基、降水、堆载等各种卸载和加载的建筑活动对地铁工程设施的综合影响限度，地铁结构设施绝对沉降量及水平位移量必须≤20mm（包括各种加载和卸载的最终位移量）。根据宁波甬江隧道1996年1月正式运行后16年沉降监测，其在修建阶段和运营阶段均发生了较大的沉降，其中运营期J4断面、J5断面隧道沉降量达到了61.75mm、88.38mm。根据上海地铁1号线1994～2010年沉降监测可知，上海体育馆站累计沉降量最大值为74.1mm（张冬梅论文）。

综上所述，结合当前城市高密集区地铁运营期地面长期沉降现状，制定了城市高密集区地铁运营期地面长期沉降预警指标分级标准，见表19。

城市高密集区地铁运营期地面长期沉降预警指标分级标准　　表19

预警指标取值 / 预警指标	危险性小	危险性中等	危险性大
	1	3	5
最大地面沉降量（mm）	<300	300～800	>800
最大长期沉降速率（mm/d）	<0.08	0.08～0.14	>0.14
地质条件	硬地层	软地层	复合地层
最大隧道沉降量（mm）	<20	20～70	>70
隧道渗漏水程度	完全不透水	部分透水	完全透水
地表建筑物密集程度	低层建筑密集	多层建筑密集	高层建筑密集
隧道施工扰动程度	扰动范围<0.8m	扰动范围0.8～1.5m	扰动范围>1.5m

结合相关研究成果，可以将城市高密集区地铁运营期地面长期沉降危险性预警分为三级，即1、2、3，分别表征危险性小、危险性中等、危险性大，建立的城市高密集区地铁运营期地面长期沉降危险性预警分级标准见表20。

城市高密集区地铁运营期地面长期沉降危险性预警分级标准　　表20

地面长期沉降危险性预警指数	地面长期沉降危险性预警等级
$1.0 \leqslant SWI \leqslant 2.4$	小（1级）
$2.4 < SWI \leqslant 3.7$	中（2级）
$3.7 < SWI \leqslant 5$	大（3级）

4.8 城市高密集区地铁运营期地面长期沉降预警应用

杭州地铁1号线武林广场站—定安路站区间（图157），包括武林广场站、凤起路站、龙翔桥站、定安路站，全长2.8km。该研究区域为杭州市规模最大的商业街，延安路将杭州市内最大的三个商圈（武林商业圈、湖滨商业圈、吴山商业圈）串联起来，人口众多，其道路两边分布有杭州大厦、银泰百货武林店、杭州百货大楼、GDA广场等众多重要建筑群。武林广场站—定安路站区间隧道，以2012年7月4日的监测值为初始值，共进行9期监测，其中，凤起路站—武林广场站区间隧道，上行线设监测点127个，下行线设监测点114个；龙翔桥站—凤起路站区间隧道，上行线设监测点78个，下行线设监测点 77 个；定安路站—龙翔桥站区间隧道，上行线设监测点 172 个，下行线设监测点 175 个。

图 157　杭州地铁 1 号线武林广场站—定安路站区间

以第 9 期（2016.11）的监测数据为例，凤起路站—武林广场站区间隧道累计沉降值（上行线）如图 158 所示，凤起路站—武林广场站区间隧道累计沉降值（下行线）如图 159 所示，龙翔桥站—凤起路站区间隧道累计沉降值（上行线）如图 160 所示，龙翔桥站—凤起路站区间隧道累计沉降值（下行线）如图 161 所示，定安路站—龙翔桥站区间隧道累计沉降值（上行线）如图 162 所示，定安路站—龙翔桥站区间隧道累计沉降值（下行线）如图 163 所示。

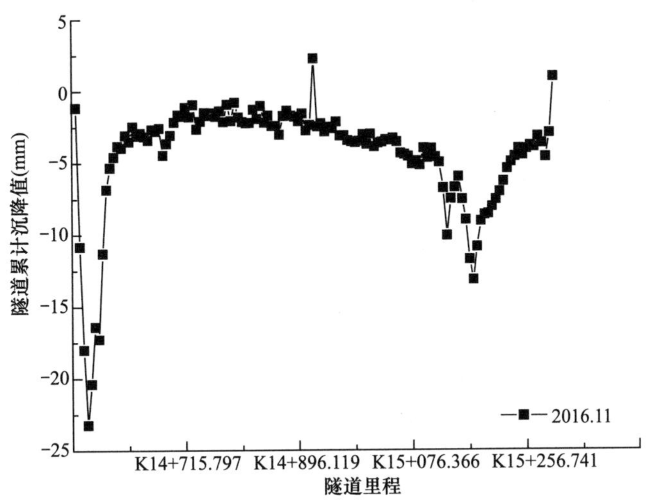

图 158　凤起路站—武林广场站区间隧道累计沉降值（上行线）

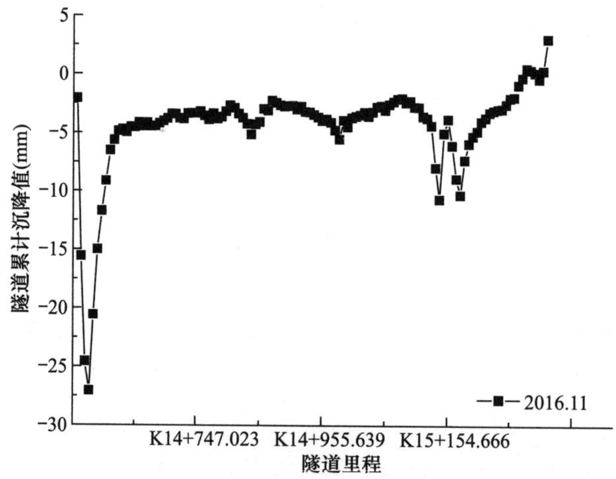

图 159 凤起路站—武林广场站区间隧道累计沉降值（下行线）

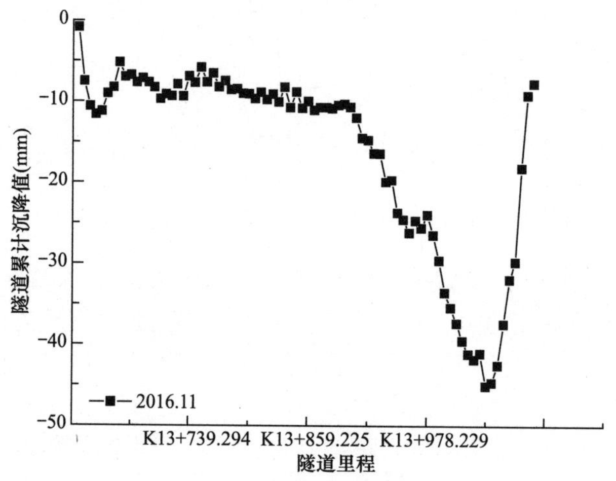

图 160 龙翔桥站—凤起路站区间隧道累计沉降值（上行线）

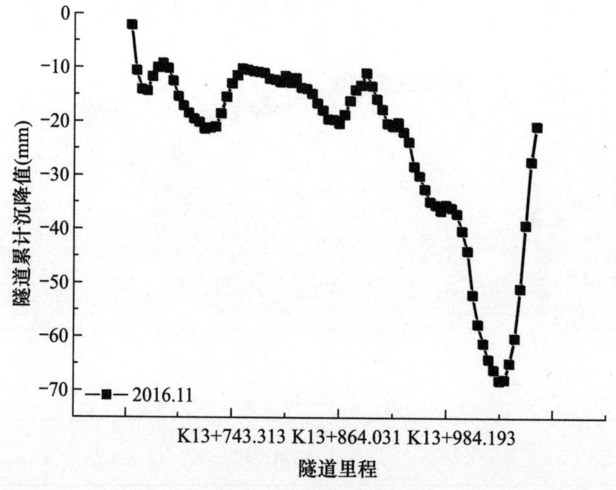

图 161 龙翔桥站—凤起路站区间隧道累计沉降值（下行线）

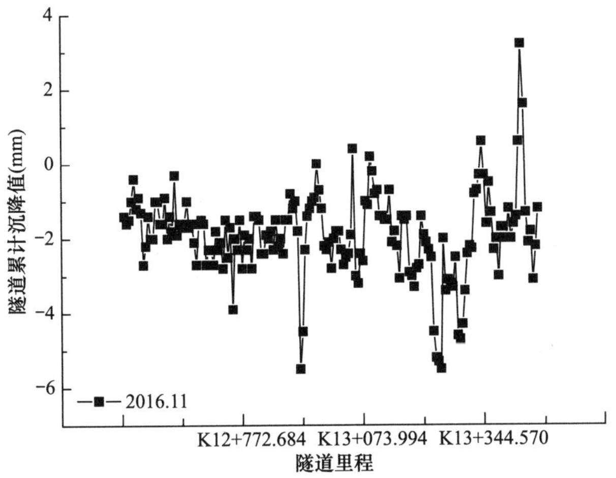

图 162 定安路站—龙翔桥站区间隧道累计沉降值（上行线）

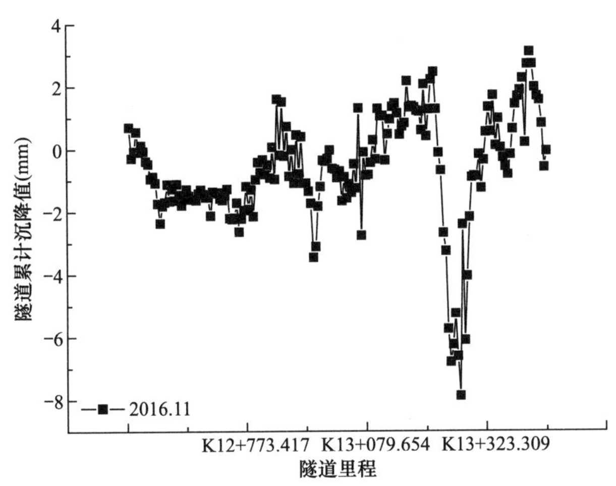

图 163 定安路站—龙翔桥站区间隧道累计沉降值（下行线）

由以上各图形可知，杭州地铁 1 号线武林广场站—定安路站区间隧道，最大累计沉降值为 68.18mm，位于龙翔桥站—凤起路站区间隧道（下行线），最小累计沉降值为 5.5mm，位于定安路站—龙翔桥站区间隧道上行线，研究区区间隧道平均累计沉降值为 6.29mm。

基于对研究区域杭州地铁 1 号线武林广场站—定安路站区间地面长期沉降的 DInSAR 监测、区间隧道的长期沉降监测和现场勘测，采集的杭州地铁 1 号线武林广场站—定安路站区间地面长期沉降预警指标值见表 21。

城市高密集区地铁运营期地面长期沉降预警指标值采集　　表 21

预警体系	预警指标体系	预警指标（单位）	预警指标值
			2016.11 数据
城市高密集区地铁运营期地面长期沉降预警指标体系	区域性地面沉降指标	最大地面沉降量（mm）	27.29
		最大长期沉降速率（mm/d）	0.15
		地质条件	软地层

续表

预警体系	预警指标体系	预警指标（单位）	预警指标值
			2016.11 数据
城市高密集区地铁运营期地面长期沉降预警指标体系	地铁运营指标	最大隧道沉降量（mm）	68.18
		隧道渗漏水程度	完全不透水
	工程扰动指标	地表建筑物密集程度	高层建筑密集
		隧道施工扰动程度	扰动范围<0.8m

根据预警指数模型，对研究区 2016.11 的数据进行预警，预警结论见表 22。从表 22 可知，预警等级为中（2 级），如果单一应用累计地面沉降量这项指标套用浙江省地面沉降危险性分级表预警地面沉降，研究区的地面沉降危险性分级是小；如果单一应用地面沉降速率这项指标套用天津市地面沉降危险性分级表预警地面沉降，研究区的地面沉降危险性分级是大。因此，本研究建立的预警体系，较全面地反映了研究区地面长期沉降的值。

城市高密集区地铁运营期地面长期沉降预警体系预警　　表 22

预警方法	地面沉降预警指标	权重系数	分级值	分值	预警值	预警等级
SWI 法	最大地面沉降量（mm）	0.0436	1	0.0436	3.1572	中（2 级）
	最大长期沉降速率（mm/d）	0.1606	5	0.803		
	地质条件	0.3549	3	1.0647		
	最大隧道沉降量（mm）	0.3089	3	0.9267		
	隧道渗漏水程度	0.0618	1	0.0618		
	地表建筑物密集程度	0.0468	5	0.234		
	隧道施工扰动程度	0.0234	1	0.0234		
浙江省法	累计地面沉降量（mm）				27.29	小（1 级）
天津市法	地面沉降速率（mm/年）				54	大（3 级）

5 智慧预警决策平台研发

5.1 智慧预警决策平台概况

智慧预警决策平台主要用于实现下列用途：

（1）实现对城市高密集区地铁运营诱发地面长期沉降的预警分级。通过运用地铁运营期地面长期沉降危险性预警指数模型，对输入预警系统的最大地面沉降量、最大长期沉降速率、地质条件、最大隧道沉降量、隧道渗漏水程度、地表建筑物密集程度、隧道施工扰动程度等预警指标，从区域性地面沉降、地铁运营、工程扰动三方面进行预警，预警结果以一个地面长期沉降危险性预警指数显示的预警值和地面长期沉降预警等级显示。

（2）实现对长距离地铁运营期地面长期沉降灾害的可移动式快速评估。基于智能移动终端平台 Android 系统，通过系统数据界面设立的区域性地面沉降指标系统、地铁运营指标系统、工程扰动指标系统，对城市高密集区任意区域内，快速评估长距离地铁运营诱发的地面长期沉降灾害。

（3）实现对城市高密集区地铁运营期地面长期沉降预警指标权重的标准化设置。通过大量城市高密集区地铁运营期地面长期沉降的监测数据、区间隧道沉降监测数据而计算出一套标准化的预警指标权重，在系统界面中选择“默认”键按钮，预警系统会自动为最大地面沉降量、最大长期沉降速率、地质条件、最大隧道沉降量、隧道渗漏水程度、地表建筑物密集程度、隧道施工扰动程度等指标赋值，完成预警指标权重设置。

5.2 软件运行与配置

智慧预警决策平台开发主要运行在装载 win7 系统的电脑，通过 Android Studio 平台，生成 release 版 apk 文件，在 Android 平台上运行，系统版本在 Android 4.4 以上。软件安装时，点击 app-release，APK 文件直接安装在手机上，点击界面上的按钮，即可显示软件的各项菜单，根据预警需要进行相应的软件操作。

5.3 软件系统功能与模块

5.3.1 软件系统功能

智慧预警决策平台系统功能主要包括：长期沉降预警指标输入、长期沉降预警指标更新、长期沉降预警指标权重设置、警情判断预案，如图 164 所示。

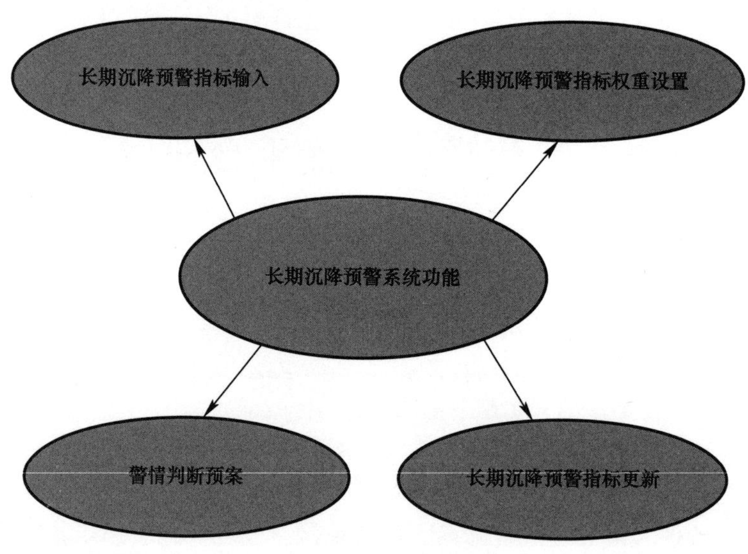

图 164 系统功能

5.3.2 软件系统模块

智慧预警决策平台的整个系统由地面长期沉降数据库模块、地面长期沉降数据存储服务模块、地面长期沉降数据界面模块、地面长期沉降警情判断预案模块、地面长期沉降预警指标权重设置模块、地面长期沉降核心模块等构成，如图 165 所示。

软件系统各模块的主要功能分析如下：

(1) 地面长期沉降数据库模块

地面长期沉降数据库是通过轻量级数据库 SQLite 来实现存储，主要存储区域性地面沉降监测数据、地铁运营监测数据、工程扰动监测数据。

(2) 地面长期沉降数据存储服务模块

地面长期沉降数据存储服务是通过定义 Service 类实现，并向地面长期沉降数据界面模块、地面长期沉降警情判断预案模块、地面长期沉降预警指标权重设置模块等模块提供地面长期沉降数据的添加、查询功能，并将处理后的地面长期沉降数据通过 SQL 语句保存在地面长期沉降数据库模块中。

(3) 地面长期沉降数据界面模块

地面长期沉降数据界面模块是通过 DataInterfaceActivity 实现，包括地面长期沉降监测点添加模块和地面长期沉降监测点更新模块。通过点击地面长期沉降监测点号进入地面长期沉降更新模块，长按地面长期沉降监测点号删除该监测点号的数据；单击“添加沉降数据”按钮，进入地面长期沉降监测点添加模块。

(4) 地面长期沉降警情判断预案模块

地面长期沉降警情判断预案模块是通过 DataInterfaceActivity 实现，系统界面上显示地面长期沉降监测点号、预警值、预警等级 3 个参数，用户通过该模块能快速判断每一个地面长期沉降监测点的综合预警信息。

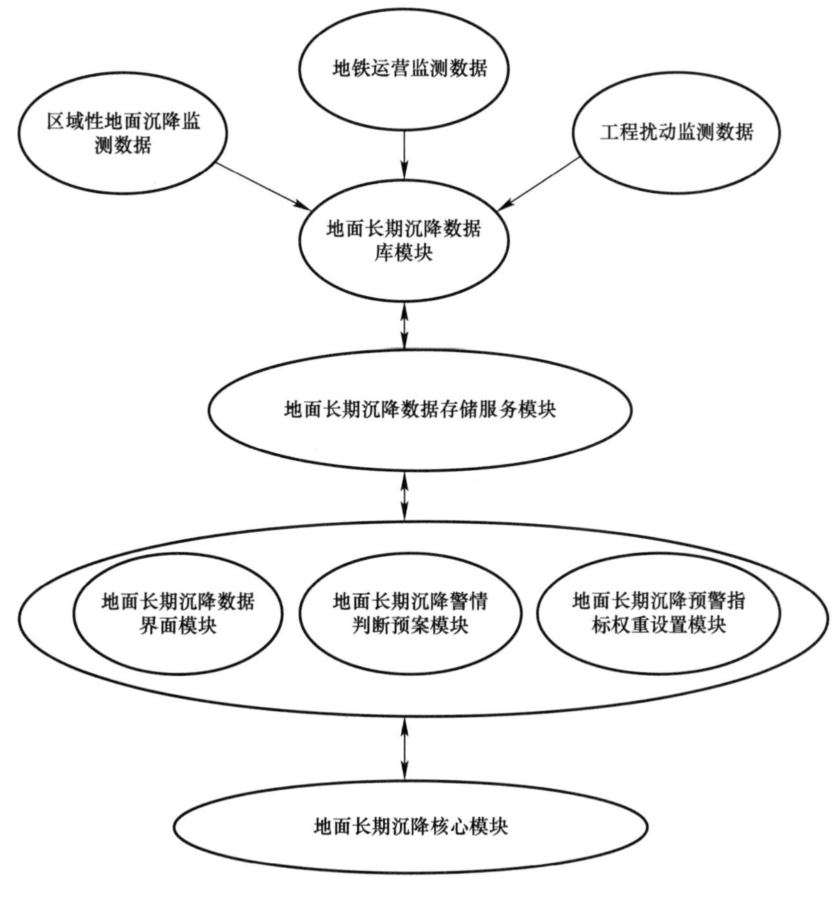

图 165 软件系统模块

(5) 地面长期沉降预警指标权重设置模块

地面长期沉降预警指标权重设置模块是实现地面长期沉降预警指标权重设置，包括最大地面沉降量、最大长期沉降速率、地质条件、最大隧道沉降量、隧道渗漏水程度、地表建筑物密集程度、隧道施工扰动程度等指标。通过点击系统界面上的“默认”按钮，实现将计算好的标准化地面长期沉降预警指标权重存储进预警系统中。

(6) 地面长期沉降核心模块

地面长期沉降核心模块由 4 个按钮控件组成，每一个控件绑定 4 个监听器，用于向地面长期沉降数据存储服务模块、地面长期沉降数据界面模块、地面长期沉降警情判断预案模块等模块传递 Intent，并访问地面长期沉降数据界面模块、地面长期沉降预警指标权重设置模块。

5.4 软件总体框架结构

5.4.1 软件安装

双击 Android Studio 平台中的 app-release. apk 安装包，向 Android 手机系统发送安装包，单击“开始发送”按钮，以完成安装，如图 166 所示。

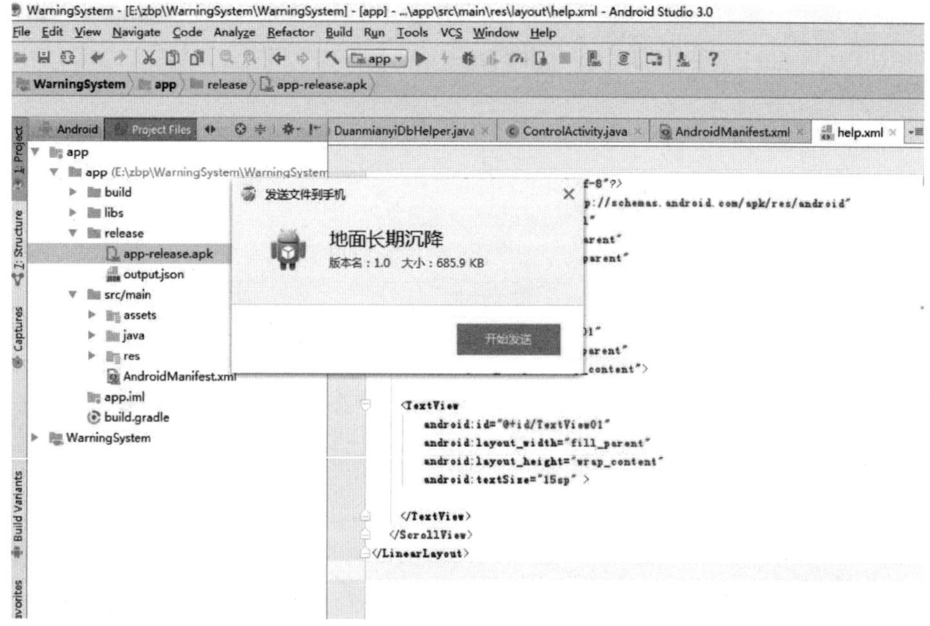

图 166　智慧预警决策平台安装文件

5.4.2　软件界面

设计 7 个界面以实现用户和系统的交流，主要包括核心界面、地面长期沉降预警界面、预警指标权重设置界面、监测号列表界面、添加沉降数据界面、更新沉降数据界面、地面长期沉降帮助界面。

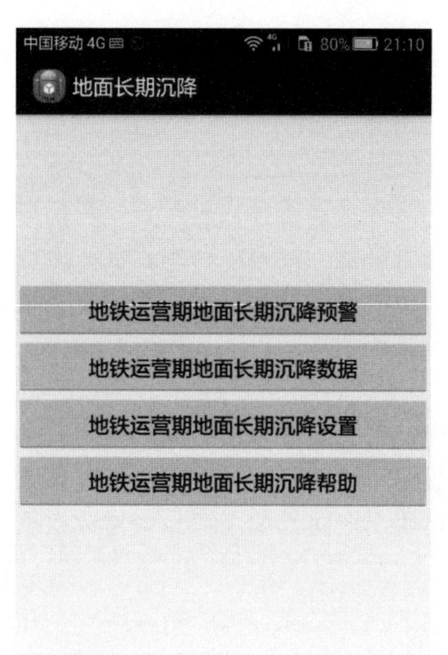

图 167　核心界面

（1）核心界面

核心界面包括四个按钮控件，分别是“地铁运营期地面长期沉降预警”“地铁运营期地面长期沉降数据”“地铁运营期地面长期沉降设置”“地铁运营期地面长期沉降帮助”，如图 167 所示。

核心界面程序如下：

```
<? xml version="1.0"encoding="utf-8"? >
<LinearLayout xmlns:android="http://schemas.android.com/apk/res/android"
        android:layout_width="match_parent"
        android:layout_height="match_parent"
        android:orientation="vertical">
        <Button
            android:id="@+id/button_yujing"
            android:layout_width="match_parent"
            android:layout_height="wrap_content"
            android:layout_marginTop="140dp"
```

```
        android:text="@string/button_pingjia"/>
        ……………
    <Button
        android:id="@+id/button_shezhi"
        android:layout_width="match_parent"
        android:layout_height="wrap_content"
        android:text="@string/button_shezhi"/>
    <Button
        android:id="@+id/button_help"
        android:layout_width="match_parent"
        android:layout_height="wrap_content"
        android:text="@string/button_help"/>
    </LinearLayout>
```

（2）地面长期沉降预警界面

用户单击核心界面的“地铁运营期地面长期沉降预警”按钮后进入地面长期沉降预警界面，界面上方显示长期沉降监测号列表、预警值和等级。用户单击界面下方的“开始预警”按钮后，系统会自动对每一个长期沉降监测点进行预警，如图 168 所示。

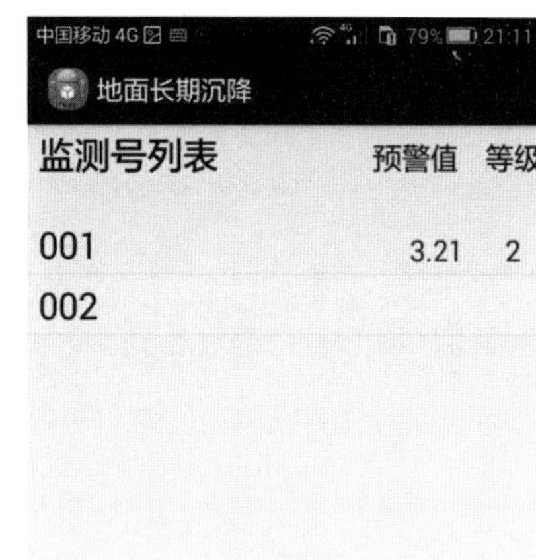

图 168 地面长期沉降预警界面

地面长期沉降预警界面程序如下：

```
<? xml version="1.0"encoding="utf-8"? >
<LinearLayout xmlns:android = "http://schemas.android.com/apk/res/android"
    android:layout_width="fill_parent"
    android:layout_height="fill_parent"
    android:orientation="vertical">
    <! --定义标题-->
    <RelativeLayout xmlns:android = "http://schemas.android.com/apk/res/android"
    android:layout_width = "fill_parent" android:layout_height="wrap_content">
  <TextView
    android:id="@+id/list_jiance"
    android:layout_width="wrap_content"
    android:layout_height="wrap_content"
    android:layout_gravity="center"
    android:layout_marginBottom="3.0dip"
    android:layout_marginLeft="8.0dip"
    android:layout_marginTop="3.0dip"
    android:ellipsize="marquee"
    android:singleLine="true"
```

```
        android:text="@string/title"
        android:textAppearance="? android:textAppearanceMedium"
        android:textSize="25sp"/>
        ……………
    <TextView
        android:id="@+id/list_dengji"
        android:layout_width="wrap_content"
        android:layout_height="wrap_content"
        android:layout_alignBaseline="@+id/list_yujingzhi"
        android:layout_alignBottom="@+id/list_yujingzhi"
        android:layout_alignParentRight="true"
        android:text="@string/dengji"
        android:textSize="20sp"/>
        </RelativeLayout>
        <! --定义 ListView 用于显示联系人数据-->
        <ListView android:id="@id/android:list" android:layout_weight="1.0"
          android:layout_width="fill_parent"android:layout_height="wrap_content"
          android:layout_marginTop="20dip"android:dividerHeight="1px"
          android:cacheColorHint="#ffffffff">
        </ListView>
        <! --定义添加按钮-->
        <LinearLayout android:layout_width="fill_parent"
          android:layout_height="wrap_content">
          <Button android:id="@+id/button_kaishiyujing"
            android:layout_width="wrap_content"
            android:layout_height="wrap_content"
            android:layout_weight="1.0"
            android:text="@string/button_kaishiyujing"/>
      </LinearLayout>
    </LinearLayout>
```

(3) 预警指标权重设置界面

预警指标权重设置界面主要是设置指标权重，共设置了 7 个预警指标，分别是最大地面沉降量、最大长期沉降速率、地质条件、最大隧道沉降量、隧道渗漏水程度、地表建筑物密集程度、隧道施工扰动程度，每一个预警指标对应一个文本框。界面下方有四个按钮，分别是“更新”“返回”“默认”和“预警”。用户单击“默认”按钮，文本框会自动填充默认的预警指标权重（图 169）；单击“更新”按钮，可以将界面输入的预警指标权重保持在数据库内（图 170）；单击“返回”按钮，退回至核心界面；单击“预警”按钮，进入地面长期沉降预警界面。

预警指标权重设置界面程序如下：

图 169　默认权重设置界面　　　　图 170　更新权重设置界面

```
<? xml version="1.0"encoding="utf-8"? >
<ScrollView xmlns:android="http://schemas.android.com/apk/res/android"
    android:layout_width="fill_parent"
    android:layout_height="fill_parent">
<LinearLayout
    android:layout_width="match_parent"
    android:layout_height="wrap_content"
    android:orientation="vertical">
    <RelativeLayout
        xmlns:android="http://schemas.android.com/apk/res/android"
        android:layout_width="match_parent"
        android:layout_height="430dp"
        android:orientation="vertical">
        <TextView
            android:id="@+id/textView1"
            android:layout_width="wrap_content"
```

```
        android:layout_height="wrap_content"
        android:layout_alignParentTop="true"
        android:layout_centerHorizontal="true"
        android:text="@string/quanzhongshezhi"
        android:textSize="30sp"/>
    <TextView
        android:id="@+id/textView3"
        android:layout_width="wrap_content"
        android:layout_height="wrap_content"
        android:layout_alignParentLeft="true"
        android:layout_below="@+id/textView1"
        android:layout_marginTop="20dp"
        android:text="最大地面沉降量:"
        android:textSize="20sp"/>
    <TextView
        android:id="@+id/textView4"
        android:layout_width="wrap_content"
        android:layout_height="wrap_content"
        android:layout_alignParentLeft="true"
        android:layout_below="@+id/textView3"
        android:layout_marginTop="30dp"
        android:text="最大长期沉降速率:"
        android:textSize="20sp"/>
    <TextView
        android:id="@+id/textView5"
        android:layout_width="wrap_content"
        android:layout_height="wrap_content"
        android:layout_alignParentLeft="true"
        android:layout_below="@+id/textView4"
        android:layout_marginTop="30dp"
        android:text="地质条件:"
        android:textSize="20sp"/>
    <TextView
        android:id="@+id/textView7"
        android:layout_width="wrap_content"
        android:layout_height="wrap_content"
        android:layout_alignParentLeft="true"
        android:layout_below="@+id/textView5"
        android:layout_marginTop="30dp"
```

```
        android:text="最大隧道沉降量:"
        android:textSize="20sp"/>
        ……………………………………
    <EditText
        android:id="@+id/editText6"
        android:layout_width="wrap_content"
        android:layout_height="wrap_content"
        android:layout_alignBaseline="@+id/textView9"
        android:layout_alignBottom="@+id/textView9"
        ………………………
        android:id="@+id/button_defult"
        android:layout_width="wrap_content"
        android:layout_height="wrap_content"
        android:layout_marginBottom="30dp"
        android:layout_weight="1"
        android:text="@string/button_defultquanzhong"/>
    <Button
        android:id="@+id/button_caculate"
        android:layout_width="wrap_content"
        android:layout_height="wrap_content"
        android:layout_weight="1"
        android:text="@string/button_caculate"/>
    </LinearLayout>
  </LinearLayout>
</ScrollView>
```

(4) 监测号列表界面

该界面主要显示地面长期沉降监测点列表号，用户单击核心界面的“地铁运营期地面长期沉降数据”按钮后进入，单击界面下方的“添加沉降数据”按钮后进入添加监测号列表界面，可显示多个监测点数据，如图 171 所示。如需删除监测号列表界面的某一个监测点，长按需要删除的监测点号，则会出现“删除”按钮，单击“删除”按钮后，删除该监测点号，如图 172 所示。

监测点列表界面程序如下：

```
<? xml version="1.0"encoding="utf-8"? >
<LinearLayout xmlns:android="http://schemas.android.com/apk/res/android"
    android:layout_width="fill_parent"
    android:layout_height="fill_parent"
    android:orientation="vertical">
    <! --定义标题-->
    <LinearLayout android:layout_width="fill_parent"
```

图 171　监测号列表界面

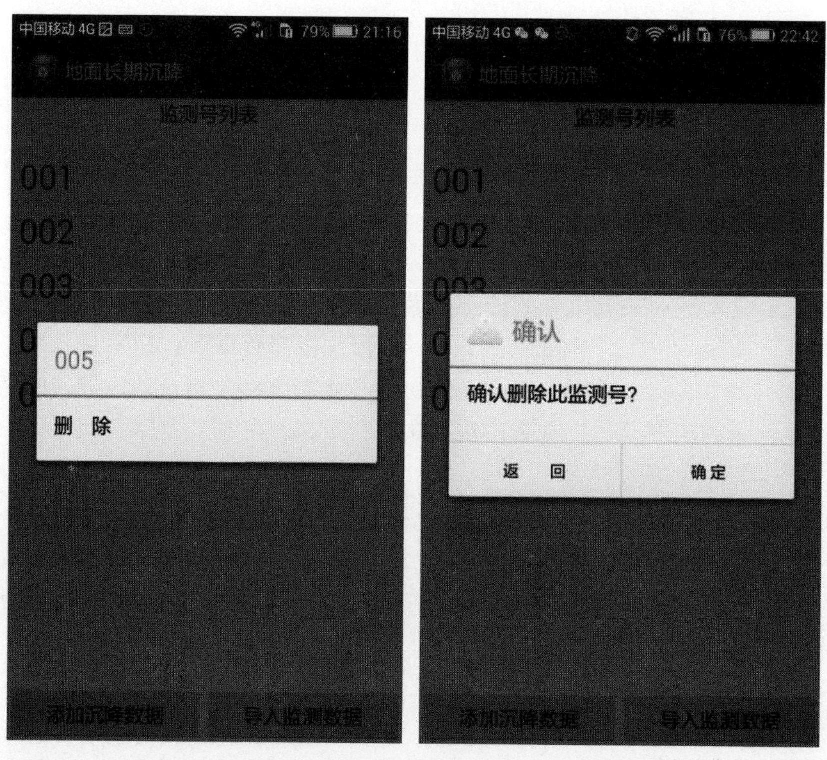

图 172　删除监测点号

```
    android:layout_height="wrap_content"
android:layout_gravity="center_horizontal">
    ..................
    <!--定义 ListView 用于显示联系人数据-->
    <ListView android:id="@android:id/list"android:layout_weight="1.0"
      android:layout_width="fill_parent"android:layout_height="wrap_content"
      android:layout_marginTop="20dip"android:dividerHeight="1px"
      android:cacheColorHint="#ffffffff">
    </ListView>
    <!--定义添加按钮-->
    <LinearLayout android:layout_width="fill_parent"
      android:layout_height="wrap_content">
      <Button android:id="@+id/button_add"android:layout_width="wrap_content"
        android:layout_height="wrap_content"android:layout_weight="1.0"
        android:text="@string/button_add"/>
    </LinearLayout>
</LinearLayout>
```

(5) 添加沉降数据界面

该界面显示的是某一个地面长期沉降监测点的数据，界面左侧为地面长期沉降预警指标名称，包括最大地面沉降量、最大长期沉降速率、地质条件、最大隧道沉降量、隧道渗漏水程度、地表建筑物密集程度、隧道施工扰动程度，界面右侧是地面长期沉降预警指标值对应的文本框，文本框内的指标值需要用户根据地面长期沉降预警指标的实际值进行输入。当用户输入完毕后，单击界面下方的“添加”按钮，完成地面长期沉降数据的输入工作，单击“返回”按钮，则返回监测号列表界面，如图 173 所示。

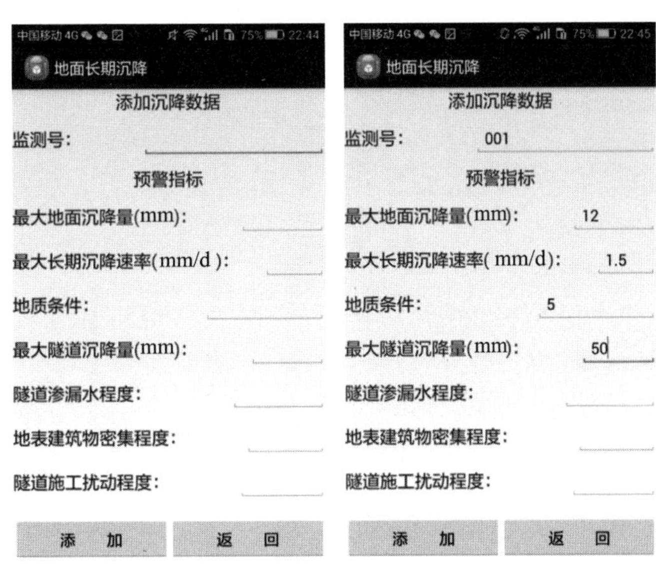

图 173 添加沉降数据界面

添加沉降数据界面程序如下：

```
<? xml version="1.0"encoding="utf-8"? >
<ScrollView xmlns:android="http://schemas.android.com/apk/res/android"
    android:layout_width="fill_parent"
    android:layout_height="fill_parent">
      <LinearLayout
      android:layout_width="match_parent"
      android:layout_height="wrap_content"
      android:orientation="vertical">
      <TextView
            android:id="@+id/textViewB1"
            android:layout_width="fill_parent"
            android:layout_height="wrap_content"
            android:gravity="center"
            android:text="@string/add_title"
            android:textSize="20sp"/>
      <LinearLayout
            android:layout_width="match_parent"
            android:layout_height="wrap_content"
            android:layout_marginTop="10dp">
      <TextView
            android:id="@+id/textView1"
            android:layout_width="wrap_content"
            android:layout_height="wrap_content"
            android:layout_weight="1.0"
            android:text="@string/No_jiancehao"
            android:textSize="20sp"/>
      <EditText
        android:id="@+id/editText1"
        android:layout_width="140dp"
        android:layout_weight="1.0"
        android:layout_height="wrap_content"
        android:ems="10"
        android:inputType="text"/>
      <requestFocus/>
   </LinearLayout>
   <TextView
        android:id="@+id/textViewB4"
        android:layout_width="fill_parent"
```

```
        android:layout_height="wrap_content"
        android:layout_marginTop="10dp"
        android:gravity="center"
        android:text="预警指标"
        android:textSize="20sp"/>
    ……………………


        android:id="@+id/textView16"
        android:layout_width="wrap_content"
        android:layout_height="wrap_content"
        android:layout_weight="1.0"
        android:text="隧道渗漏水程度:"
        android:textSize="20sp"/>
  <EditText
        android:id="@+id/editText16"
        android:layout_width="50dp"
        android:layout_height="wrap_content"
        android:layout_weight="0.64"
        android:ems="10"
        android:inputType="numberDecimal"/>
  </LinearLayout>
    ……………………
  <Button
        android:id="@+id/button_cancel"
        android:layout_width="wrap_content"
        android:layout_height="wrap_content"
        android:layout_weight="1.0"
        android:text="@string/button_cancel"/>
  </LinearLayout>
</LinearLayout>
```

(6) 更新沉降数据界面

在监测号列表界面，点击已经存在的监测点号则进入沉降更新界面。沉降更新界面与沉降添加界面非常相似，不同之处在于更新界面右侧文本框内已显示存入数据库中的地面长期沉降数据。用户根据自己的需求，在界面修改地面长期沉降的任意数据，当用户修改完毕后，单击界面下方的“更新”按钮，则保持用户修改后的数据，单击“返回”按钮，则返回监测点列表界面，如图 174 所示。

更新沉降数据界面程序如下：

```
<? xml version="1.0"encoding="utf-8"? >
<ScrollView xmlns:android="http://schemas.android.com/apk/res/android"
```

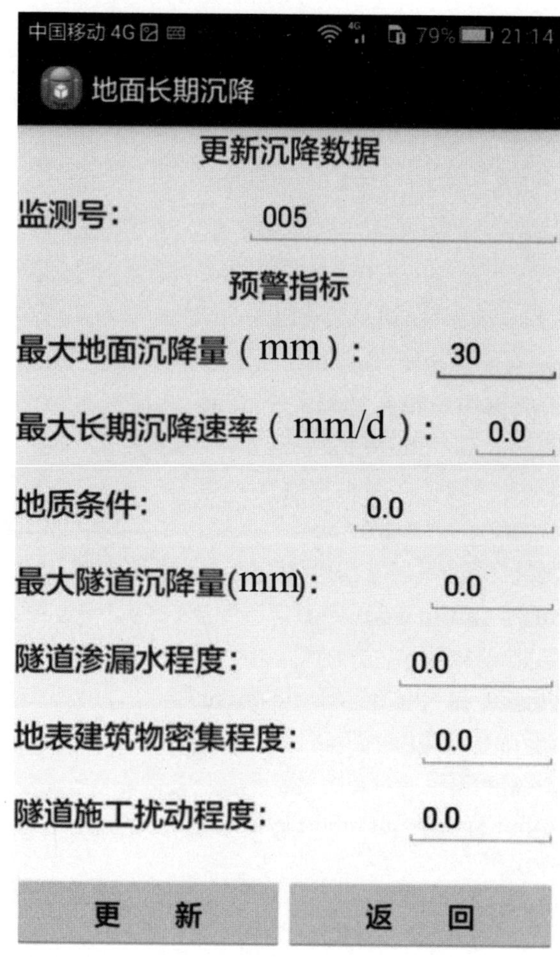

图 174　更新沉降数据界面

```
android:layout_width="fill_parent"
android:layout_height="fill_parent">
  <LinearLayout
  android:layout_width="match_parent"
  android:layout_height="wrap_content"
  android:orientation="vertical">
  <TextView
      android:id="@+id/textViewB1"
      android:layout_width="fill_parent"
      android:layout_height="wrap_content"
      android:gravity="center"
      android:text="@string/update_title"
      android:textSize="20sp"/>
```

```
    <LinearLayout
        android:layout_width="match_parent"
        android:layout_height="wrap_content"
        android:layout_marginTop="10dp">
    <TextView
        android:id="@+id/textView1"
        android:layout_width="wrap_content"
        android:layout_height="wrap_content"
        android:layout_weight="1.0"
        android:text="@string/No_jiancehao"
        android:textSize="20sp"/>
    <EditText
      android:id="@+id/editText1"
      android:layout_width="140dp"
      android:layout_weight="1.0"
      android:layout_height="wrap_content"
      android:ems="10"
      android:inputType="text"/>
    <requestFocus/>
</LinearLayout>
<TextView
      android:id="@+id/textViewB4"
      android:layout_width="fill_parent"
      android:layout_height="wrap_content"
      android:layout_marginTop="10dp"
      android:gravity="center"
      android:text="预警指标"
      android:textSize="20sp"/>
      <LinearLayout
      android:layout_width="match_parent"
      android:layout_height="wrap_content"
      android:layout_marginTop="10dp">
<TextView
    android:id="@+id/textView11"
    android:layout_width="wrap_content"
    android:layout_height="wrap_content"
    android:layout_weight="1.0"
    android:text="最大地面沉降量(mm):"
    android:textSize="20sp"/>
```

```
..................
        android:id="@+id/button_cancel"
        android:layout_width="wrap_content"
        android:layout_height="wrap_content"
        android:layout_weight="1.0"
        android:text="@string/button_cancel"/>
    </LinearLayout>
</LinearLayout>
```

(7) 地面长期沉降帮助界面

在核心界面单击“地铁运营期地面长期沉降帮助”按钮后，进入地面长期沉降帮助界面。该界面显示智慧预警决策平台中国数据的输入与修改、智慧预警决策平台预警、智慧预警决策平台设置和原理如图 175 所示。

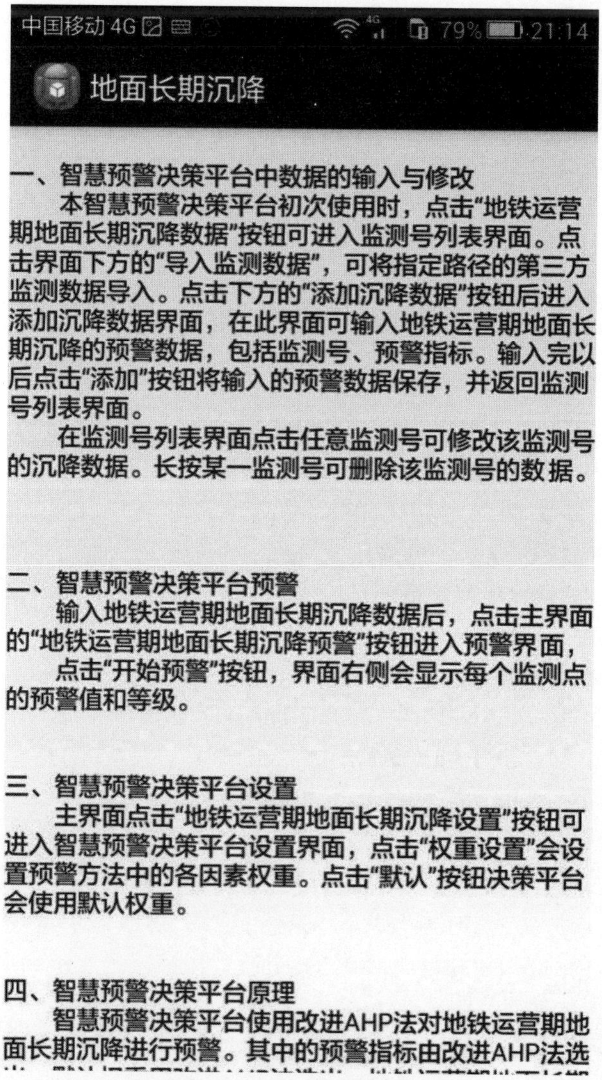

图 175 地面长期沉降帮助界面

地面长期沉降帮助界面程序如下：

```
<? xml version="1. 0"encoding="utf-8"? >
<LinearLayout xmlns:android="http://schemas. android. com/apk/res/android"
    android:orientation="vertical"
    android:layout_width="fill_parent"
    android:layout_height="fill_parent"
    >
    <ScrollView
    android:id="@+id/ScrollView01"
    android:layout_width="fill_parent"
    android:layout_height="wrap_content">
    <TextView
        android:id="@+id/TextView01"
        android:layout_width="fill_parent"
        android:layout_height="wrap_content"
        android:textSize="15sp">
    </TextView>
  </ScrollView>
</LinearLayout>
```

6 城市高密集区地铁运营期地面长期沉降预警应用研究

6.1 工程背景

杭州地铁 4 号线一期工程已于 2015 年投入运营，选取城星路站—市民中心站—江锦路站区间和新风站—火车东站站—彭埠站区间为研究区域（图 176）。城星路站—市民中心站—江锦路站区间包括 3 站 2 区间，线路全长约 1.6km，地表建筑物主要有华成国际发展大厦、高德置地广场、财富金融中心、杭州钱江新城市民中心、来福士广场等；新风站—火车东站站—彭埠站区间包括 3 站 2 区间，线路全长 1.7km，地表建筑物主要是杭州东站、迈达商业中心等，人口密集。研究区域地表水系主要为新塘河，起于姚江路附近，引钱塘江水进入河道，沿富春路向北东方向汇入运河，长约 6km，宽 10～25m，深 2.0～3.5m，属钱塘江水系。

图 176　杭州地铁 4 号线城星路站—江锦路站区间和新风站—彭埠站区间示意

研究区域隧道运营洞身遇到的土体主要是③$_3$ 层黏质粉土夹砂质粉土、③$_{52}$层砂质粉土夹粉砂、③$_{62}$层粉砂夹砂质粉土、③$_7$ 层黏质粉土夹砂质粉土、③$_7$ 夹层砂质粉土。

③层粉土、砂土层总体上欠密实，工程活动中，在地下水动水压力作用下，容易产生

潜蚀、管涌、流砂等工程液化危害。

底板下卧⑥$_2$层为淤泥质土，性质较差，地基土承载力特征值为90kPa，压缩模量3.8MPa，压缩性高，承载力低，工程性能差。⑥$_2$层以下主要为⑦$_2$粉质黏土和⑨$_1$粉质黏土，可塑状，性质尚好。

⑩层粉质黏土和含砂粉质黏土层（软塑～可塑状）、⑪粉质黏土层（软可塑～可塑状），性质一软，分布不稳定。⑫$_1$粉砂层顶埋深一般大于33.0m，中密；⑫$_2$中砂层性质较好，中密。⑫$_4$圆砾层密实状，⑬层粉质黏土软塑状，为⑫层的软弱下卧层，⑭$_3$圆砾层呈密实状为主，性质较好。区间隧道受上述⑩、⑪、⑫、⑬和⑭土层的影响一般较小。

6.2　地面长期沉降预警指标采集

6.2.1　DInSAR地面沉降监测数据

Sentinel-1A卫星监测数据主影像选取时间为2017年5月27日，从影像选取时间为2016年11月28日，时间为180d，研究区杭州地铁4号线城星路站—市民中心站—江锦路站区域裁剪后的主图像强度数据如图177所示，文件名称为：

sentinel1_69_20170527_100235174_IW_SIW1_A_VV_cut_slc_list_pwr

图177　裁剪后的研究区域主图像强度数据

主从影像卫星数据基线估算结果如下：

Normal Baseline(m)＝23.103

Critical Baseline min-max(m)＝[－5812.323]－[5812.323]

Range Shift(pixels)＝25.457

Azimuth Shift(pixels)＝－1345.418

Slant Range Distance(m)＝892251.475

Absolute Time Baseline(Days)＝180

Doppler Centroid diff. (Hz)＝1.735

Critical min-max(Hz)＝[－486.486]－[486.486]

2 PI Ambiguity height(InSAR)(m)＝700.161

2 PI Ambiguity displacement(DInSAR)(m)＝0.028

1 Pixel Shift Ambiguity height(Stereo Radargrammetry)(m)=58813.547

1 Pixel Shift Ambiguity displacement(Amplitude Tracking)(m)=2.330

Master Incidence Angle=40.822Absolute Incidence Angle difference=0.001

Pair potentially suited for Interferometry,check the precision plot

基线估算的结果显示，这两景数据的空间基线为 23.103m，远小于临界基线 5812.323m，时间基线 180d，DInSAR 处理时的一个相位变化周期代表的地形变化是 0.028m。

研究区域去平后的干涉图 INTERF_out_dint 如图 178 所示。

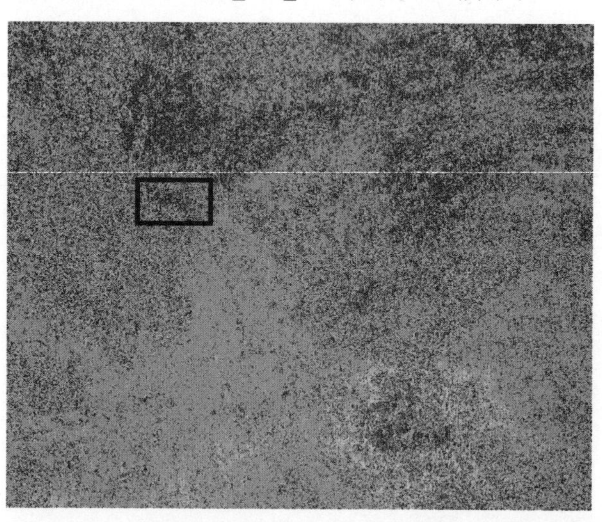

图 178　研究区去平后的干涉图

研究区滤波后的干涉图 INTERF_out_fint 如图 179 所示，相干性系数图 INTERF_out_cc 如图 180 所示。

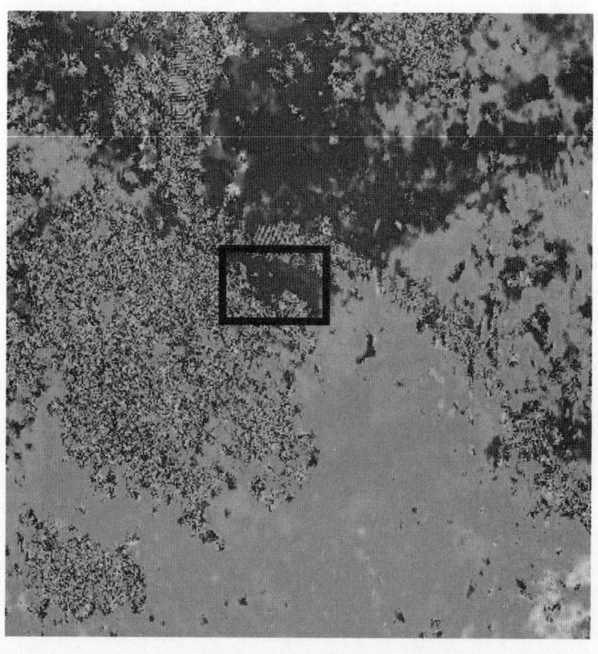

图 179　研究区滤波后的干涉图

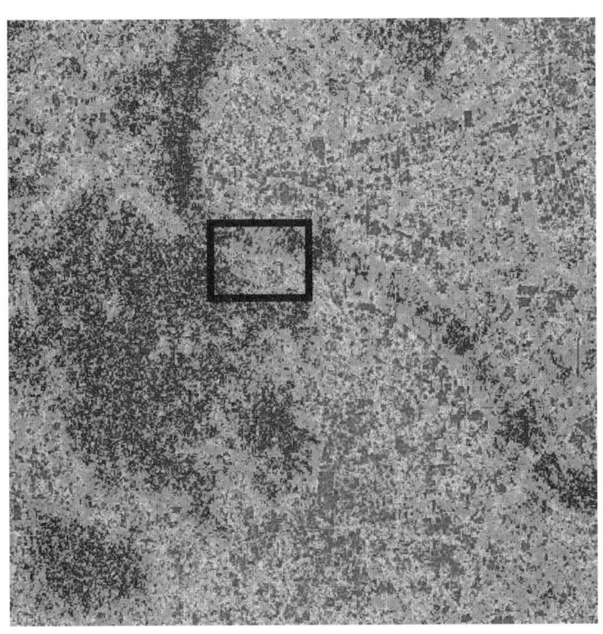

图 180　研究区相干性系数图

对研究区进行相位解缠处理，相位解缠结果 INTERF_out_upha 如图 181 所示。

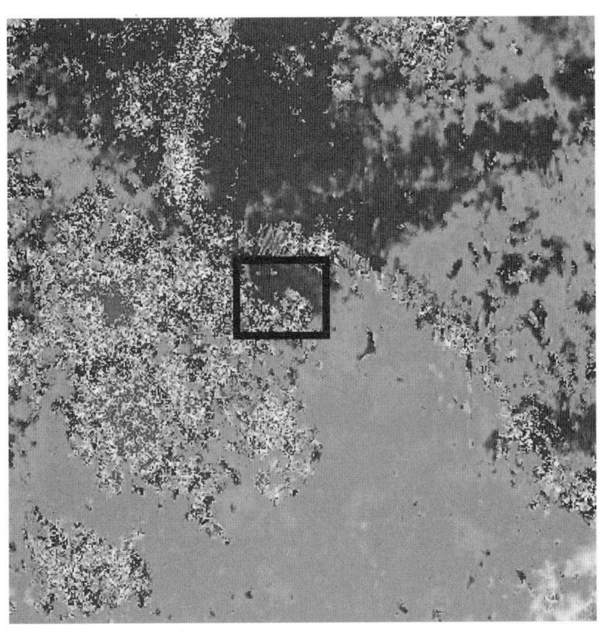

图 181　研究区相位解缠结果

对研究区进行轨道精炼和重去平处理，控制点选取 45 个点。研究区轨道精炼和重去平处理优化结果如下：

ESTIMATE A RESIDUAL RAMP

Points selected by the user=45

Valid points found=45

Extra constrains=2

Polynomial Degree choose=3

Polynomial Type:=k0+k1 * rg+k2 * az

Polynomial Coefficients(radians):

k0=-2.3393638630

k1=0.0002130432

k2=0.0007339214

Root Mean Square error(m)=32.1091542548

Mean difference after Remove Residual refinement(rad)=0.0263116964

Standard Deviation after Remove Residual refinement(rad)=0.3384964979

研究区重去平后的解缠结果 INTERF_out_reflat_upha 如图 182 所示，重去平后的干涉图 INTERF_out_reflat_fint 如图 183 所示。

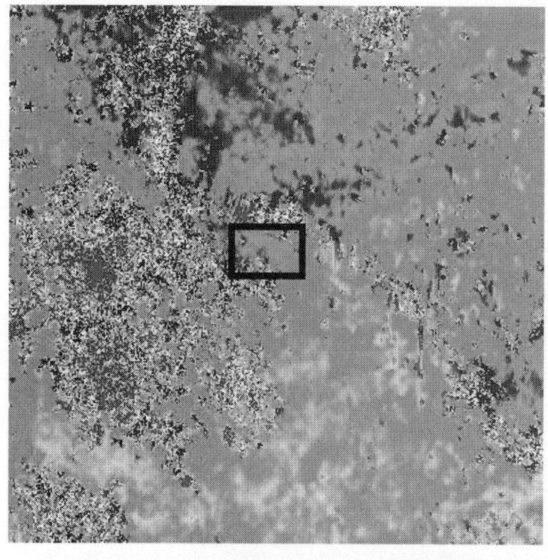

图 182 研究区重去平后的解缠结果

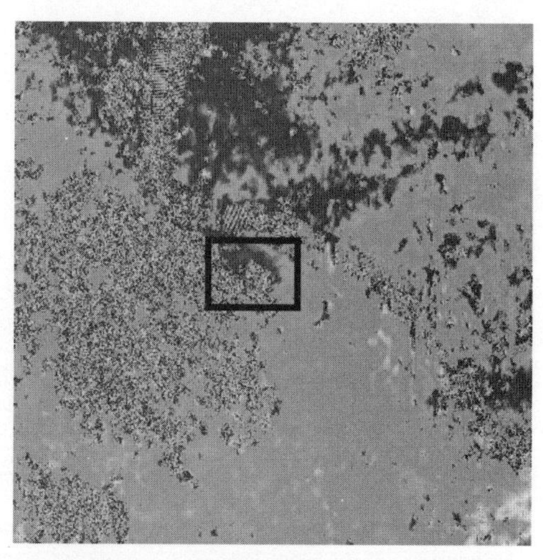

图 183 研究区重去平后的干涉图

相位转形变以及地理编码处理，获得研究区 LOS 方向上的形变如图 184 所示。结果输出时文件命名为：sentinel1_69_20170527_100235174_IW_SIW1_A_VV_cut_slc_list_out_disp。

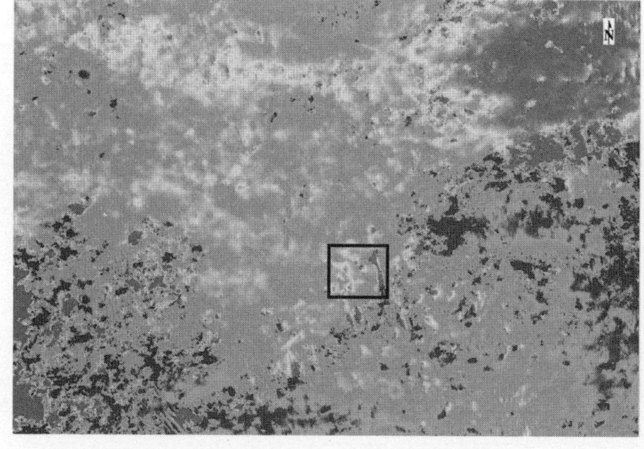

图 184 研究区 LOS 方向上的形变

研究区域城星路站—市民中心站—江锦路站区间形变图如图 185、图 186 所示，新风站—火车东站—彭埠站区间形变图如图 187、图 188 所示。

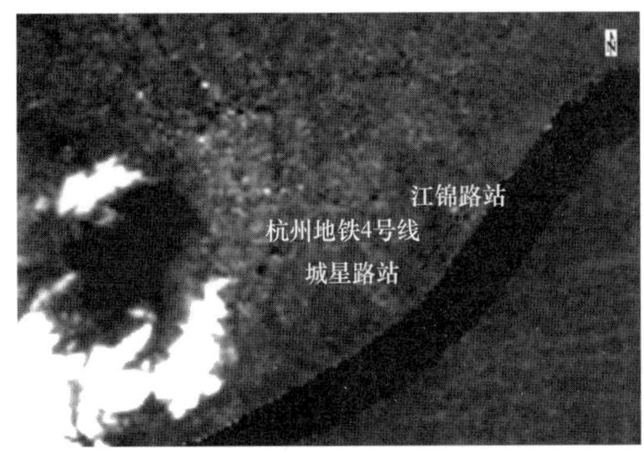

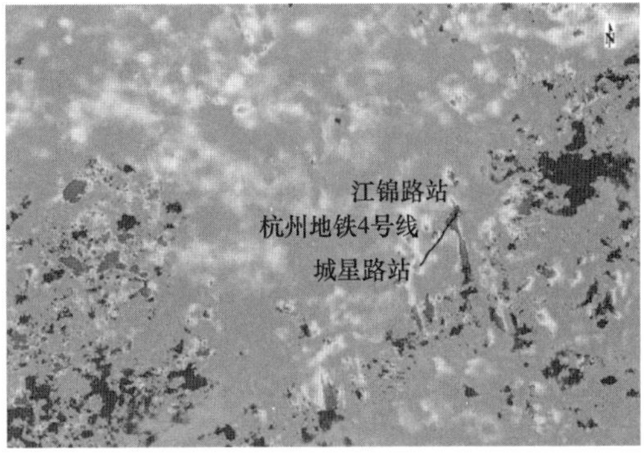

图 185　研究区域城星路站—市民中心站—江锦路站区间 DEM 与形变对比图

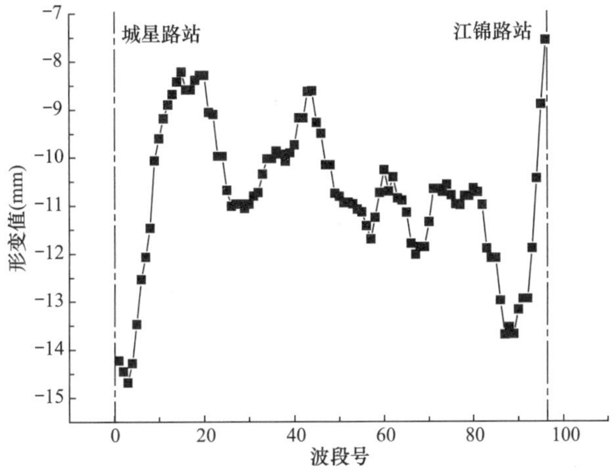

图 186　研究区域城星路站—市民中心站—江锦路站区间形变量值图

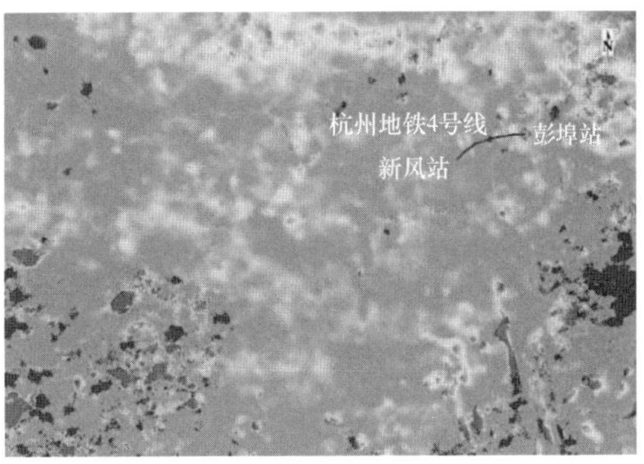

图 187　研究区域新风站—火车东站站—彭埠站区间 DEM 与形变对比图

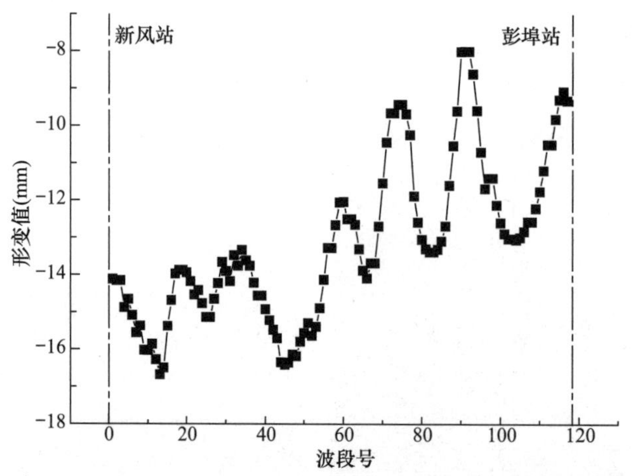

图 188 研究区域新风站—火车东站站—彭埠站区间形变量值图

由以上图形分析，2017 年 5 月 27 日卫星影像数据显示，研究区域城星路站—市民中心站—江锦路站区间，区间最大沉降为 14.68mm，最小沉降为 7.55mm，平均沉降为 10.77mm；新风站—火车东站站—彭埠站区间，区间最大沉降为 16.68mm，最小沉降为 8.00mm，平均沉降为 13.17mm。

6.2.2 运营隧道沉降监测数据

城星路站—市民中心站区间隧道监测开始时间为 2016 年 11 月 15 日，结束时间为 2017 年 5 月 25 日，累计监测 191d，左线隧道各设监测点 75 个（图 189），右线隧道各设监测点 75 个（图 190）；市民中心站—江锦路站区间隧道监测开始时间为 2016 年 11 月 15 日，结束时间为 2017 年 5 月 17 日，累计监测 183d，左线隧道设监测点 64 个（图 191），右线隧道设监测点 63 个（图 192）；新风站—火车东站站区间隧道监测开始时间 2016 年 11 月 19 日，结束时间为 2017 年 4 月 26 日，累计监测时间 158d，左线隧道设监测点 55 个（图 193），右线隧道设监测点 56 个（图 194）；火车东站站—彭埠站区间隧道监测开始时间为 2016 年 11 月 19 日，结束时间为 2017 年 4 月 26 日，累计监测时间 158d，左线隧道设监测点 125 个（图 195），右线隧道设监测点 126 个（图 196）。

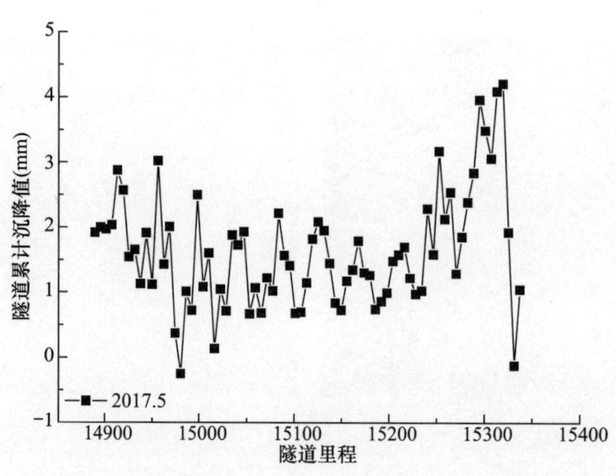

图 189 城星路站—市民中心站区间左线隧道沉降监测

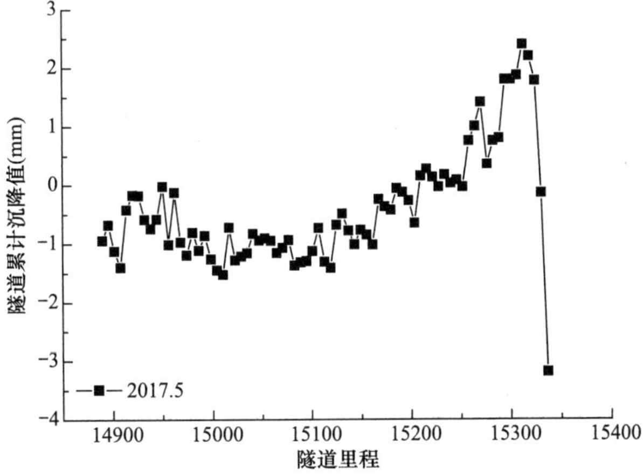

图 190 城星路站—市民中心站区间右线隧道沉降监测

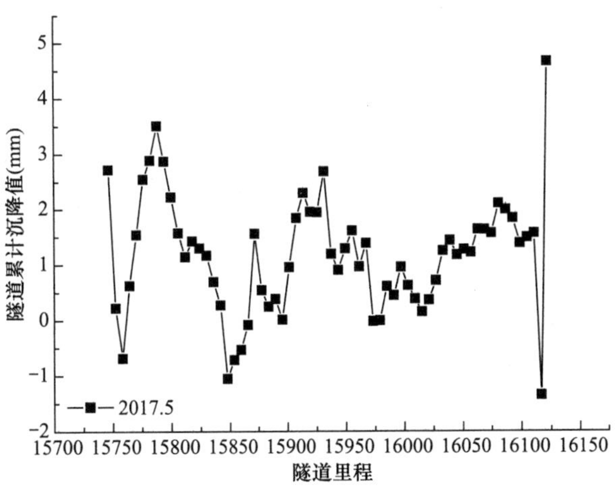

图 191 市民中心站—江锦路站区间左线隧道沉降监测

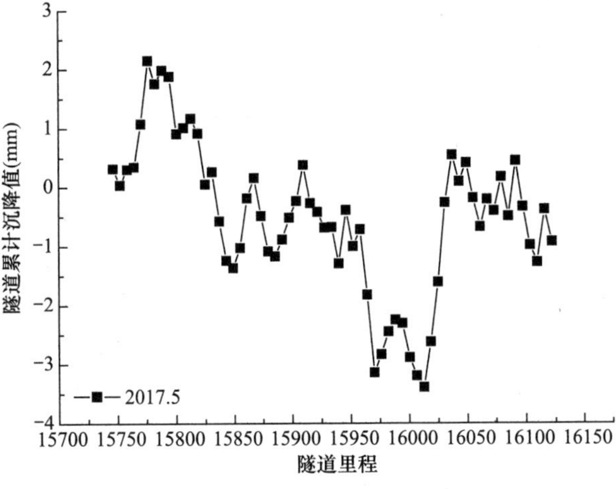

图 192 市民中心站—江锦路站区间右线隧道沉降监测

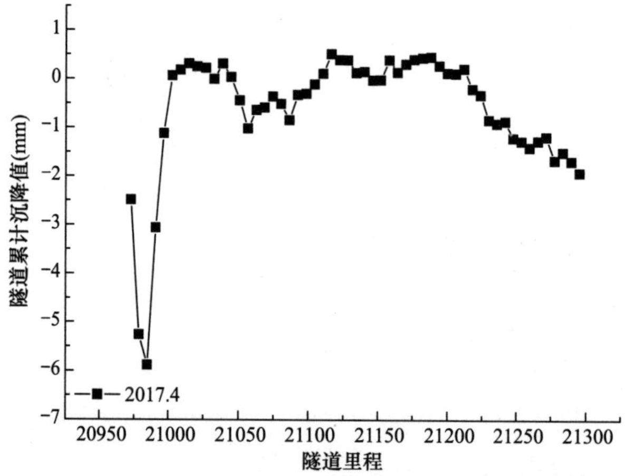

图 193 新风站—火车东站站区间左线隧道沉降监测

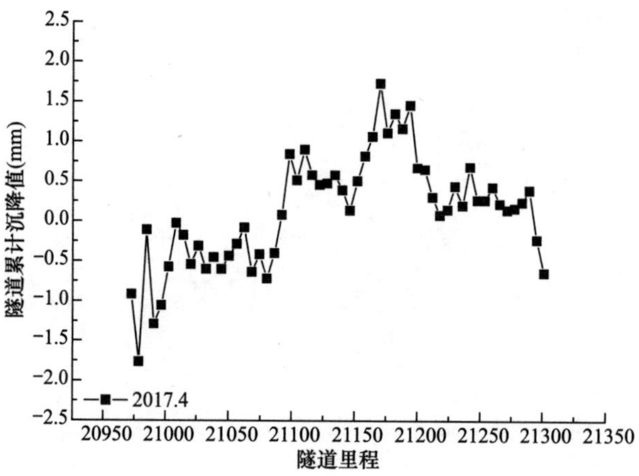

图 194 新风站—火车东站站区间右线隧道沉降监测

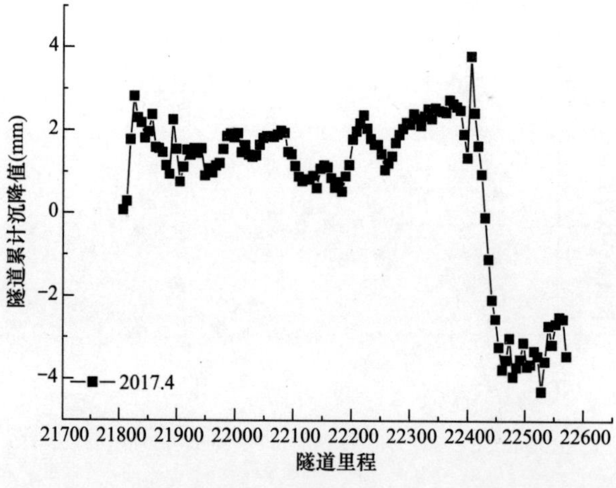

图 195 火车东站站—彭埠站区间左线隧道沉降监测

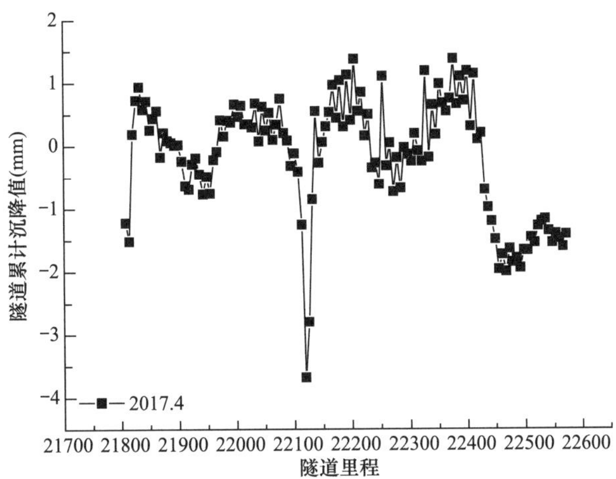

图 196 火车东站站—彭埠站区间右线隧道沉降监测

研究区域城星路站—市民中心站—江锦路站区间和新风站—火车东站站—彭埠站区间的沉降值见表 23。

研究区域沉降值 **表 23**

序号	区间名称	最大沉降值（mm）	最小沉降值（mm）	平均沉降值（mm）	最大隆起值（mm）	最小隆起值（mm）	平均隆起值（mm）
1	城星路站—市民中心站左线	−0.25	−0.11	−0.18	4.21	0.14	1.68
2	城星路站—市民中心站右线	−3.19	−0.03	−0.84	2.39	0.03	0.98
3	市民中心站—江锦路站区间左线	−1.35	−0.003	−0.55	4.66	0.01	1.41
4	市民中心站—江锦路站区间右线	−3.39	−0.18	−1.192	2.15	0.04	0.74
5	新风站—火车东站站区间左线	−5.881	−0.003	−1.227	0.509	0.035	0.255
6	新风站—火车东站站区间右线	−1.765	−0.026	−0.556	1.733	0.075	0.572
7	火车东站站—彭埠站区间左线	−4.291	−0.093	−3.026	3.804	0.282	1.646
8	火车东站站—彭埠站区间右线	−3.68	−0.031	−0.975	1.378	0.012	0.519

6.3 地面长期沉降预警应用

根据研究区地面长期沉降预警指标采集数据，汇总预警体系指标值见表 24。

地面长期沉降预警指标体系指标采集值 **表 24**

预警体系	预警指标体系	预警指标（单位）	预警指标值	
			城星路站—江锦路站区间（CJ001）	新风站—彭埠站区间（XP001）
城市高密集区地铁运营期地面长期沉降预警指标体系	区域性地面沉降指标	最大地面沉降量（mm）	14.68	16.68
		最大长期沉降速率（mm/d）	0.082	0.093
		地质条件	软地层	软地层

续表

预警体系	预警指标体系	预警指标（单位）	预警指标值	
			城星路站—江锦路站区间（CJ001）	新风站—彭埠站区间（XP001）
城市高密集区地铁运营期地面长期沉降预警指标体系	地铁运营指标	最大隧道沉降量（mm）	3.39	5.881
		隧道渗漏水程度	完全不透水	完全不透水
	工程扰动指标	地表建筑物密集程度	高层建筑密集	多层建筑密集
		隧道施工扰动程度	扰动范围<0.8m	扰动范围<0.8m

基于智慧预警决策平台对杭州地铁 4 号线城星路站—江锦路站区间（CJ001）、新风站—彭埠站区间（XP001）预警步骤如下：

（1）单击“地面长期沉降预警”APP 文件，进入核心界面（图 197），单击核心界面的“地铁运营期地面长期沉降数据”按钮，进入地面长期沉降监测号列表界面，单击该界面下方的“添加沉降数据”按钮，进入“添加沉降数据”界面。用户在该界面输入监测号名称 CJ001，输入预警指标的采集值（图 198），然后单击“添加”按钮，完成地面长期沉降预警指标值的输入，最后单击“返回”按钮，返回到监测号列表界面（图 199）。

图 197　地面长期沉降智慧预警决策平台主界面

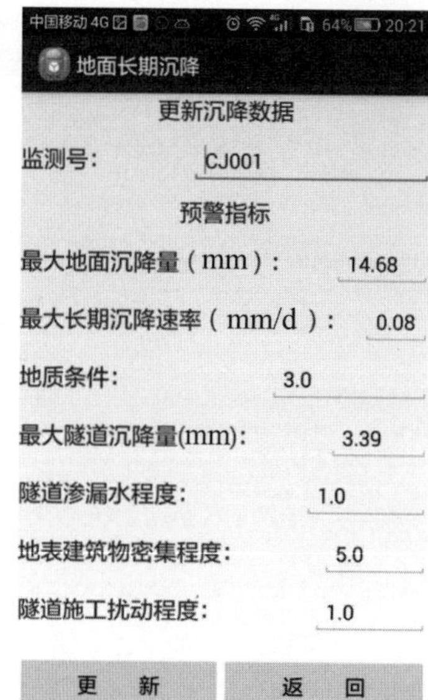

图 198　CJ001 监测号添加沉降数据

图 199　CJ001 监测号列表

（2）从监测号列表界面返回核心界面，单击“地铁运营期地面长期沉降设置”按钮，进入预警指标设置界面，对该界面上的预警指标进行权重设置输入，单击该界面下方的“默认”按钮，完成预警指标权重设置（图 200），然后单击“预警”按钮，返回到地面长期沉降预警界面。

（3）在地面长期沉降预警界面，单击下方的“开始预警”按钮，此时 CJ001 监测号的预警值和预警等级实时显示，预警值为 2.31，预警等级为 1 级，表明危险性小（图 201）。

图 200　CJ001 监测号预警指标权重输入

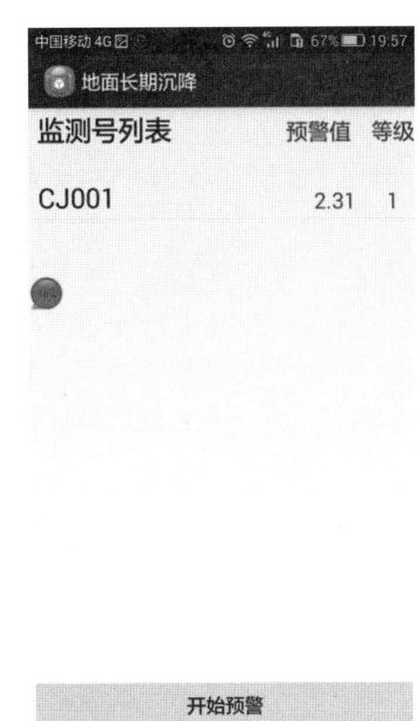

图 201　CJ001 监测号预警结果

(4) 同理，对新风站—彭埠站区间（XP001）进行预警，添加的沉降数据如图 202 所示，监测号列表界面如图 203 所示，监测预警结果如图 204 所示。

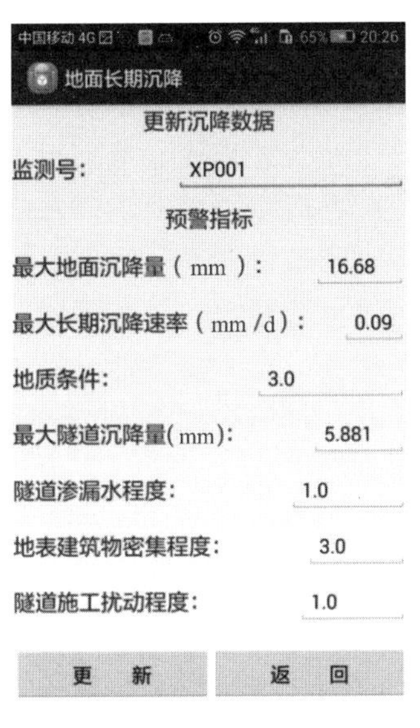

图 202　XP001 监测号添加沉降数据

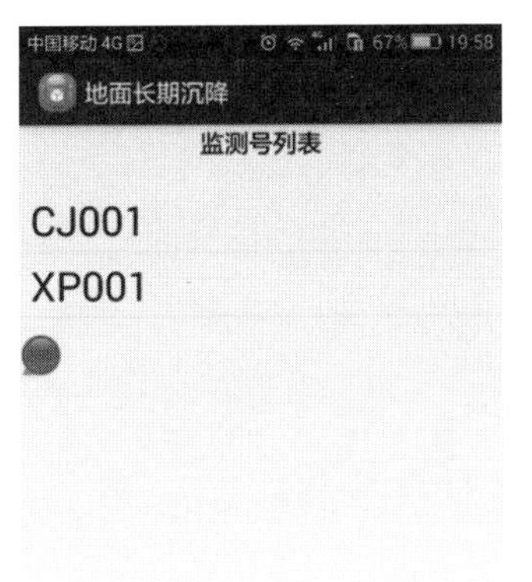

图 203　XP001 监测号列表界面

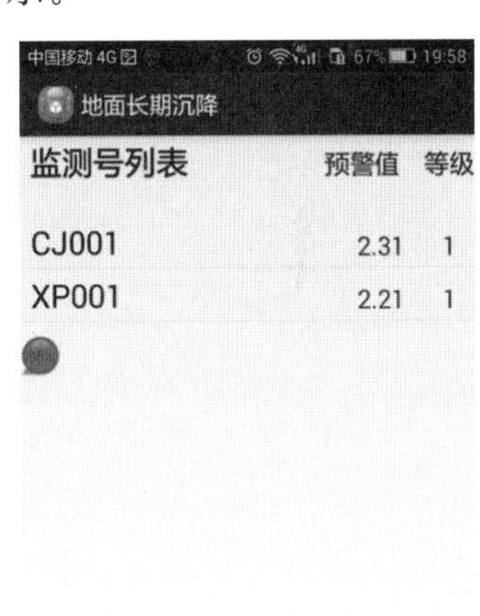

图 204　XP001 监测号预警结果

新风站—彭埠站区间（XP001）预警值为 2.21，预警等级为 1，表明危险性小。综合以上研究可知，杭州地铁 4 号线城星路站—江锦路站区间、新风站—彭埠站区间的地面长期沉降预警等级为 1 级，地面长期沉降危险性小。

7 结论和建议

7.1 结论

随着城市化建设步伐的加快，中心城市不断向周边辐射，已投入运营的地铁线路也越来越多。地铁运营一段时间后，由于受列车振动荷载引起的地基土振陷、隧道建设期地基土未完成的固结变形、隧道邻近范围的密集建（构）筑物、隧道所处地层水位变化等因素的影响，会导致地面长期沉降。地面长期沉降的发生是一个比较缓慢的过程，但长时间的沉降累计会对地铁的正常运营和使用安全产生重大不良影响。由于受时间跨度限制，有关地铁运营期地面长期沉降的研究主要关注的是列车振动引起的本体沉陷和动力响应，以及地面长期沉降预测，极少涉及隧道内列车往复振动引起的地面长期沉降，缺乏针对城市高密集区地铁运营期地面长期沉降的监测方法和预警体系，亟待开展地铁运营期地面长期沉降研究。因此，本书在综合分析国内外现有文献资料及研究成果的基础上，采用现场调查、专家咨询、理论分析、室内模型实验等方法，对地铁运营下城市高密集区地面长期沉降特性、基于 DInSAR 技术的地面长期沉降监测方法、城市高密集区地铁运营期地面长期沉降预警体系、智慧预警决策平台等方面进行较为系统的研究，取得了如下主要研究成果：

（1）基于列车振动机理、地铁列车荷载确定等，提出了地铁行车荷载理论，建立了城市高密集区地铁运营土体沉降监测模型，提出了地表建筑物密集分布荷载下地面沉降曲线随时间呈缓慢增长而慢慢趋于稳定的规律，揭示了地面密集建筑群和地铁振动荷载叠加下造成的地面沉降以距地面建筑物 1.5 倍基础宽度范围内的地面沉降值为最大，提出了列车振动引起的累计沉降（含主固结沉降）主要发生在地铁隧道竣工运营后的一段时间。

（2）基于多信息融合平台提出了 DInSAR-GPS-GIS 融合方法，从 SARscap-ENVI 耦合参数设置、Sentinel 卫星数据导入等方面系统提出 DInSAR 参数设置方法，建立了主从两景卫星数据空间基线估算模型，提出了 DInSAR 形变关键算法，主要包括主从影像文件极化方式选择、生成干涉图、滤波和相干性计算、相位解缠、控制点选择、轨道精炼和重去平、相位转形变以及地理编码，提出了基于 DInSAR 多景影像技术的地面长期沉降动态监测方法，并以杭州地铁 1 号线武林广场站—定安路站 2016 年 1 月～2017 年 12 月期间的卫星数据为例进行了应用研究，认为该区间的最大沉降为 30.64mm，最小沉降为 12.53mm，平均沉降为 19.27mm，应用效果较好，能高效反映城市高密集区地铁运营下的地面长期沉降。

（3）提出了城市高密集区地铁运营期地面长期沉降的影响因素，构建了城市高密集区地铁运营期地面长期沉降预警指标体系框架结构，基于指标采用率法、综合现场调查和专家咨询法以及 AHP 法，建立了包含区域性地面沉降指标、地铁运营指标、工程扰动指标的城市高密集区地铁运营期地面长期沉降预警指标体系，提出了城市高密集区地铁运营期地面长期沉降预警指标权重计算方法，建立了城市高密集区地铁运营期地面长期沉降预警模型，提出了城市高密集区地铁运营期地面长期沉降预警分级标准，并以杭州地铁1号线武林广场站—定安路站区间为背景进行了城市高密集区地铁运营期地面长期沉降预警应用研究。研究表明，建立的预警体系，较全面地反映了研究区地面长期沉降的值。

(4) 构建了智慧预警决策平台系统功能，提出了软件系统模块，主要包括地面长期沉降数据库模块、地面长期沉降数据存储服务模块、地面长期沉降数据界面模块、地面长期沉降警情判断预案模块、地面长期沉降预警指标权重设置模块、地面长期沉降核心模块，构建了软件总体框架结构，研发了包括7个界面的智慧预警决策平台以实现用户和系统的交流。

(5) 提出了智慧预警决策平台—DInSAR地面沉降监测—运营隧道沉降监测耦合下的城市高密集区地铁运营期地面长期沉降预警应用方法，并将其应用于杭州地铁4号线一期工程城星路站—市民中心站—江锦路站区间和新风站—火车东站站—彭埠站区间，研究表明，城星路站—江锦路站区间预警值为2.31，预警等级为1级，危险性小；新风站—彭埠站区间预警值为2.21，预警等级为1，危险性小。

7.2 建议

本书虽然结合杭州地铁1号线和4号线的运营情况得出了有理论意义和应用价值的结论，但鉴于研究时间的限制，还有很多工作需要进一步深入研究：

(1) 应用DInSAR技术开展地面沉降监测时，可以考虑采用Sentinel卫星数据之外的其他数据进行对比研究，如USGS、ESA、NOAA、JAXA等。

(2) 城市高密集区地铁运营环境复杂，影响地面长期沉降的因素很多，需进一步研究不同环境下各类因素相互组合下的地面长期沉降特性，建立多套反映不同环境下的城市高密集区地铁运营期地面长期沉降预警指标体系。

附录A 插 图 清 单

附录B　附 表 清 单

参考文献

[1] e车网. 新增478.97公里！2021年上半年中国内地城轨交通线路概况一览 [OL]. https://baijiahao.baidu.com/s? id=1704063384481793676，2021-07-01.

[2] Huang Q，Huang H，Ye B，et. al. Dynamic response and long-term settlement of a metro tunnel in saturated clay due to moving train load [J]. Soils and Foundations，2017，57 (6)：1059-1075.

[3] Shen S，Wu Ha，Cui Y，et al. Long-term settlement behaviour of metro tunnels in the soft deposits of Shanghai [J]. Tunnelling and Underground Space Technology，2014，40：309-323.

[4] 韦凯，宫全美，周顺华. 基于蚁群算法的地铁盾构隧道长期沉降预测 [J]. 铁道学报，2008，30 (4)：79-83.

[5] 叶耀东，朱合华，王如路. 软土地铁运营隧道病害现状及成因分析 [J]. 地下空间与工程学报，2007，3 (1)：157-160.

[6] 张冬梅，黄宏伟，杨峻. 衬砌局部渗流对软土隧道地表长期沉降的影响研究 [J]. 岩土工程学报，2005，27 (12)：1430-1436.

[7] 刘运明，马全明，陈大勇，等. D-InSAR技术在城市轨道交通变形监测领域的应用 [J]. 都市快轨交通，2014，27 (4)：62-66.

[8] 陆衍. 基于地质环境监测数据的轨道交通安全预警研究 [J]. 测绘与空间地理信息，2015，38 (8)：44-46.

[9] 葛世平，廖少明，陈立生，等. 地铁隧道建设与运营对地面房屋的沉降影响与对策 [J]. 岩石力学与工程学报，2008，27 (3)：550-556.

[10] 唐益群. 地铁行车荷载作用下饱和软黏土的动力响应与变形特征研究 [M]. 北京：科学出版社，2011.

[11] 姜洲，高广运，赵宏，等. 软土地区地铁行车荷载引起的隧道长期沉降分析 [J]. 岩土工程学报，2013，35 (增2)：301-307.

[12] 朱启银，叶冠林，王建华，等. 软土地层盾构隧道长期沉降与施工因素初探 [J]. 岩土工程学报，2010，32 (增2)：509-512.

[13] 刘明，黄茂松，李进军. 地铁荷载作用下饱和软黏土的长期沉降分析 [J]. 地下空间与工程学报，2006，2 (5)：813-817.

[14] Cui Z，Tan J. Analysis of long-term settlements of Shanghai Subway Line 1 based on the in situ monitoring data [J]. Natural Hazards，2015，75：465-472.

[15] Cui Z，Ren S. Prediction of long-term settlements of subway tunnel in the soft soil area [J]. Natural Hazards，2014，74：1007-1020.

[16] Ng C，Liu G，Li Q. Investigation of the long-term tunnel settlement mechanisms of the first metro line in Shanghai [J]. Canadian Geotechnical Journal，2013，50：674-684.

[17] 魏纲，袁曦. 盾构隧道地面长期沉降的时间序列预测 [J]. 市政技术，2008，26 (4)：

317-320.

[18] 葛大庆，张玲，王艳，等. 上海地铁 10 号线建设与运营过程中地面沉降效应的高分辨率 InSAR 监测及分析 [J]. 上海国土资源，2014，35 (4)：62-67.

[19] Ding X，Liu G，Li Z，et al. Ground subsidence monitoring in Hong Kong with satellite SAR interferometry [J]. Photogrammetric Engineering and Remote Sensing，2004，70：1151-1156.

[20] Dong S，Samsonov S，Yin H，et al. Time-series analysis of subsidence associated with rapid urbanization in Shanghai，China measured with SBAS InSAR method [J]. Environmental Earth Sciences，2014，72：677-691.

[21] Chen B，Gong H，Li X，et al. Spatial-temporal evolution characterization of land subsidence by multi-temporal InSAR method and GIS technology [J]. Spectroscopy and Spectral Analysis，2014，34：1017-1025.

[22] 刘国彬，李青，吴宏伟. 地下水开采引起的次压缩对隧道长期沉降的影响 [J]. 岩土力学，2012，33 (12)：003729-3735.

[23] Zhang J，Chen J，Wang J，et al. Prediction of tunnel displacement induced by adjacent excavation in soft soil [J]. Tunnelling and Underground Space Technology，2013，36 (2)：24-33.

[24] 万勇，薛强，吴彦，等. 干湿循环作用下压实黏土力学特性与微观机制研究 [J]. 岩土力学，2015，36 (10)：2815-2824.

[25] 杜延龄，朱思哲. LXJ-4-450 土工离心模型试验机的研制 [J]. 水利学报，1992，(2)：19-28.

[26] 邓岳保，谢康和，李传勋. 考虑非达西渗流的比奥固结有限元分析 [J]. 岩土工程学报，2012，34 (11)：2058-2065.

[27] 林峰. 地铁列车荷载作用下软土隧道沉降特性研究 [J]. 科技展望，2017，27 (1)：36-37.

[28] 孟光，张建新，伍廷亮. 地铁荷载作用下隧道土体变形的数值模拟 [J]. 天津城建大学学报，2012，18 (2)：103-107.

[29] 闫春岭，唐益群，刘莎. 地铁荷载下饱和软黏土累积变形特性 [J]. 同济大学学报(自然科学版)，2011，39 (7)：978-982.

[30] 张冬梅，宗翔，黄宏伟. 盾构隧道掘进引起上方已建隧道的纵向变形研究 [J]. 岩土力学，2014 (9)：2659-2666.

[31] 张子新，邵华. 盾构推进的损伤力学分析及现场试验研究 [J]. 地下空间与工程学报，2004，24 (3)：285-289.

[32] 王常晶，陈云敏. 移动荷载作用下弹性半空间 Timoshenko 梁的临界速度 [J]. 振动工程学报，2006，19 (1)：139-144.

[33] 张震. 盾构隧道结构长期沉降研究综述 [J]. 城市轨道交通研究，2013，3：135-140.

[34] 黄腾，孙景领，陶建岳. 地铁隧道结构沉降监测及分析 [J]. 东南大学学报（自然科学报），2006，36 (2)：262-266.

[35] 林永国. 地铁隧道纵向变形结构性能研究 [D]. 上海：同济大学，2001.

［36］ 鲁志鹏. 基于静态量测数据的盾构法地铁隧道建设和运营安全评价研究［D］. 上海：同济大学，2008。

［37］ 吴怀娜，胡蒙达，许烨霜. 管片局部渗漏对地铁隧道长期沉降的影响规律［J］. 地下空间与工程学报，2009，5（s2）：1608-1611.

［38］ 赵春彦，周顺华，袁建议. 地铁荷载作用下叠交隧道长期沉降的半解析法［J］. 铁道学报，2010，32（4）：141-145.

［39］ 马险峰，余龙，李向红. 不同下卧层盾构隧道长期沉降离心模型试验［J］. 地下空间与工程学报，2010，6（1）：14-20.

［40］ Bucky P. The use of models for the study of mining problems ［J］. Am. Inst. Met. Eng. Tech. Pub. 1931，425：28-30.

［41］ Kutter B. Centrifuge modeling of the response of clay embankments to earthquakes ［D］. Cambridge University，1983.

［42］ Peduto D，Nicodemo G，Maccabiani J，et al. Multi-scale analysis of settlement-induced building damage using damage surveys and DInSAR data：A case study in The Netherlands ［J］. Engineering Geology，2017，218 ：117-133.

［43］ 姜洲，高广运，赵宏. 地铁行车速度对盾构隧道运营沉降的影响分析［J］. 岩土力学，2015，36（11）：3283-3292.

［44］ 张冬梅，李钰. 地铁荷载引起的盾构隧道及土层长期沉降研究［J］. 防灾减灾工程学报，2015，35（50）：563-567.

［45］ 杨兵明，刘保国. 地铁列车循环荷载下软土地区盾构隧道长期沉降分析［J］. 中国铁道科学，2016，37（3）：61-67.

［46］ 高广运，李绍毅，涂美吉，等. 地铁循环荷载作用下交叉隧道沉降分析［J］. 岩土力学，2015，36（增 1）：486-490.

［47］ 黄大维，周顺华，宫全美. 软土地区地铁不同结构间差异沉降特点分析［J］. 同济大学学报（自然科学版），2013，41（1）：95-100.

［48］ 狄宏规，周顺华，宫全美，等. 软土地区地铁隧道不均匀沉降特征及分区控制［J］. 岩土工程学报，2015，37（增 2）：74-79.

［49］ 刘峰. 软土地区地铁隧道长期沉降及对地铁安全的影响［D］. 南京：南京大学，2013.

［50］ 叶耀东. 软土地区运营地铁盾构隧道结构变形及健康诊断方法研究［D］. 上海：同济大学，2007.

［51］ 葛世平，姚湘静，叶斌，等. 列车振动荷载作用下隧道周边软黏土长期沉降分析［J］. 岩石力学与工程学报，2016，35（11）：2359-2368.

［52］ 吴怀娜，顾伟华，沈水龙. 区域地面沉降对上海地铁隧道长期沉降的影响评估［J］. 上海国土资源，2017，38（2）：9-12.

［53］ 张登雨，张子新，吴昌将. 盾构侧穿邻近古建筑地表长期沉降预测与分析［J］. 岩石力学与工程学报，2011，30（10）：2143-2150.

［54］ Bevilacqua M，Braglia M. Analytic hierarchy process applied to maintenance strategy selection ［J］. Reliability Engineering & System Safety，2000，70（1）：71-83.